Taking to the Air

An Illustrated History of Flight

Taking to the Air

An Illustrated History of Flight

图解
飞行史

［英］莉莉·福特〈Lily Ford〉 著

杨青 赵瑞 译

北京联合出版公司
Beijing United Publishing Co.,Ltd. 后浪

图书在版编目（CIP）数据

图解飞行史 /（英）莉莉·福特著；杨青，赵瑞译
. -- 北京：北京联合出版公司，2022.8
　ISBN 978-7-5596-3810-6

　Ⅰ.①图… Ⅱ.①莉… ②杨… ③赵… Ⅲ.①飞行—
普及读物 Ⅳ.①V323-49

中国版本图书馆CIP数据核字（2019）第257254号

First published 2018 by The British Library
96 Euston Road London NW1 2DB
Text © Lily Ford 2018
All images © British Library Board and other named copyright holders 2018
Designed by Chris Benfield
Picture research by Sally Nicholls

图解飞行史

作　　者：[英] 莉莉·福特（Lily Ford）
译　　者：杨　青　赵　瑞
出 品 人：赵红仕
出版监制：刘　凯　赵鑫玮
选题策划：联合低音
责任编辑：高霁月
装帧设计：薛丹阳

关注联合低音

北京联合出版公司出版
（北京市西城区德外大街83号楼9层　100088）
北京联合天畅文化传播公司发行
北京华联印刷有限公司印刷　新华书店经销
字数170千字　710毫米×1000毫米　1/16　16.25印张
2022年8月第1版　2022年8月第1次印刷
ISBN 978-7-5596-3810-6
定价：98.00元

[7]　　　长久以来，飞行的可能性一直让人类着迷。在古典文学、中世纪文学和早期现代文学中，充满各种关于飞翔的神话与幻想。飞行领域的每一项新进展都会吸引大批公众的关注：中世纪，人们聚集在一起，共同目睹身戴"翅膀"的人从高塔上纵身一跃；20 世纪，人类成功登陆月球，亿万民众通过电视机观看转播，共同见证这一历史性时刻。18 世纪热气球发射升空时，人们蜂拥而至；20 世纪初举行的空中表演，吸引了成千上万的观众。在空中飞行的物体，从地面上可以一览无余，因此飞行成了一个代表民主的景象——这是一项公开的活动，有意无意之间，人们抬头便可以看到。这些在空中飞行的物体，因为它们陌生和新奇的外观，在人们习以为常的风景中脱颖而出，人们急切地期待将其描绘出来。

　　　与大多数有关航空的普及性著作不同，本书是从观众及后来的乘客的角度探讨飞行历史的。它将飞行作为一种大众娱乐、一种奇观，是地面上绝大多数人都能参与和经历过的事情，而不仅仅为那些有幸飞上天空的人所专享。关于著名的发明家和飞行员，以及民用和军用航空领域的设计与工程学的壮举，已经有很多书可供阅读。还有一小部分书，聚焦于飞行的文化层面，比如罗伯特·沃尔关于航空和西方想象的两本优秀著作[1]。但迄今为止，还有大量关于飞行表演和飞行奇观的珍

对页图：一架帝国航空公司（英国航空前身）的德·哈维兰 DH 34 客机正在装载货物，出自《空中航线》（1926 年 9 月 1 日）杂志封面

贵视觉材料尚未被利用。

《图解飞行史》(*Taking to the Air*)便是基于大英图书馆收藏的大量印刷图画编著的,从中世纪木版画上的飞行器雏形到摄政时期的气球故事,从飞行器的照相记录到小说中的比格尔斯(Biggles)。它寻求的是人们对飞行更广泛的参与,一种可以激发想象力、引发代入感的来自读者和观众的间接参与。这样的侧重消解了航空史上一些传统的里程碑,以及时代划分和学科分类。本书的章节大致按时间顺序排列,但主题是产生文化影响的瞬间,而非技术进步。这本书还将目光投向了一些看起来微不足道的小物件,比如玩具,并开始将女性话语带入飞行史的世界。此前,飞行史似乎一直是由男性向男人和男孩讲述的。 [8]

正如《图解飞行史》的年代跨度是由其原始资料的性质决定的,其地理中心也是如此。航空业是对整个国家都具有深远意义的行业。这一点不仅在 20 世纪航天航空的发展中显而易见,在 18 世纪 80 年代热气球诞生之际,甚至更早以前也是如此。就像乔治·奥威尔在面对飞机和无线电使世界变得更小的普遍现象时愤愤评论的,与其说航空消除了边界,不如说它强化了边界。[2] 本书的前三章偏向于欧洲其他国家的航空发展史,如回顾了法国、德国等国家航空业的发展,但这本书讲的是英国的故事。这不是忽略各国之间技术与文化交流对英国航空业发展的推动作用,而仅仅是出于实用主义,承认 20 世纪航空业发展的结构性经济基础。对英国和印刷资料的重点关注,给这本书指出了一个自然而然的方向。1969 年,航空技术专家把目光投向了地球大气层之外的宇宙。在太空中,美国和苏联互不相让,进行着民族主义的对抗。人类发明的航天器终于绕地

一架德·哈维兰"舞毒蛾"（Gipsy Moth）飞机跨越一条非洲河流。这是莱斯利·凯尔（Leslie Carr）为西里尔·霍尔（Cyril Hall）的童书《汽车与飞机》（*Motor and Plane*，1932）创作的插画

球轨道运行，并成功登上了月球。这些新的里程碑不是通过印刷品，而是通过广播和电视的视听技术传达给普通大众的。

　　这部简短的飞行史不可能是全面的。但是，通过对重点放在构想的飞行群体上的航空历史的全新解读，可以为那些从档案中摘取的图像提供上下文。在这里，那些购买和阅读小册子、报纸、小说的消费者和读者，与传统意义上参与飞行的英雄主人公们，有着同等的重要性。本书是关于飞行如何为人所想象、所描绘的研究。

『长着翅膀』的人

[11]　　*没有人担心伊卡洛斯的命运。翅膀！翅膀！翅膀！他们*
从四面八方叫喊，即使我们会掉进海里。想要从天上纵身跃
下，就必须爬到高处，生命，哪怕只有一瞬间的飞翔，也比
一辈子在地上爬行更加壮美！

　　　　　　　　　　　——泰奥菲尔·戈蒂耶，《浪漫主义史》，1872 年[3]

　　弗兰兹·瑞切特（Franz Reichelt）在埃菲尔铁塔的栏杆上
站了整整 40 秒钟。从边缘往下看时，他轻轻地耸了耸胳膊，
抖开了飞行衣上的褶皱。高高挺立的衣领和蚕茧一样的形状，
使那件飞行衣更像一块裹尸布，而不是一个飞行装置。瑞切特
想必正在考虑自己即将死去这件事。但或许不是——也许他正
在享受这个时刻，一个完全无畏的时刻，在庄严的首都上空蓄
势待发，下面是一群围观者，他正准备实现自己生命中最辉煌
的飞行理想。百代电影公司的摄影师花了不少心思，鼓励瑞切
特参与使用降落装置的拍摄试验，这个降落装置是为那些从飞
机上掉下来的飞行员设计的。摄影师被分别安排在铁塔的第一
层和底部，等着拍下这珍贵的画面。最后，瑞切特蜷缩着身子

对页图：弗兰兹·瑞切特坠塔身亡，插图出自《小日报》（*Le Petit Journal*），1912
年 2 月 18 日

跳下，掉出了画面。切到下面的镜头，可以看到他 90° 垂直坠落，终结于一团灰尘之中。人们一拥而上，抬走瑞切特已经没有生命体征的身体，测量了他留下的大坑。

1912 年的这段镜头现在看来自然还是非常恐怖。但它提醒我们，早在空气静力学和航空学时代之前，飞行就可以提供引人注目的奇观。在弗兰兹·瑞切特之后，有一长串人类谱系——而且总是男人——从高塔上跳下，希望并深信他们的飞行装备会带着他们从人们头顶飞过。弗兰兹·瑞切特与一种新的媒体（也就是电影）订立契约；而既能确保飞行这一壮举得到认可，又能在失败后立即得到医疗救治的最可靠的方法，就是为观众表演。

就我们所知的早期飞行尝试而言，还有多少没有被记录下来？人们谈论和歌颂其中的幸运儿，写下他们的事迹，配上插图，最后发表出来。这些事迹之所以存在于这段历史中，是因为它们引起了旁观者和编年史家的想象，或者是因为它们构成了伟大统治者的超自然属性的一部分。亚历山大大帝乘坐一辆由狮鹫牵引的战车，将肉悬挂在狮鹫面前，让它们不断前进。约公元前 1500 年，国王凯·卡乌斯（Kay Kāvus）的战车用老鹰牵引。 [12]

那些流传下来的关于飞行的故事，都是适合复述的故事。代达罗斯和伊卡洛斯是奥维德公元 8 年前后完成的故事中的主人公，父子俩被锁在克里特岛的一座高塔里，他们决定飞下去逃跑。这就是飞行作为一种技术，一种可以通过设计和勇气实现的力量的最初构想。伊卡洛斯因狂妄自大而坠落是这个神话经久不衰的原因，但偶然发生的事——聪明的代达罗斯仰望大自然，选择把自己的飞行技术建立在鸟类的翅膀和拍打动作

被拴住的狮鹫抬起了亚历山大大帝，出自《亚历山大大帝的真实历史》(*Le Livre et le vraye hystoire du bon roy Alexandre*)，约 1420 年

上，并且他的设计取得了成功——对后来的飞行尝试产生了持久的影响。1500 年间，人类对飞行的努力都集中在翅膀的设计上，无论是把机翼固定在滑翔机上，还是利用扑翼机的双翼拍打飞行。

[15]

　　代达罗斯父子并不是第一批跳塔者，还有一些其他记录（尽管这些记录都比奥维德的《变形记》晚）。公元前 852 年，李尔王的父亲布拉杜德（Bladud）从特里纳文顿（Trinaventum，或 Trinovantum，现伦敦）一座神庙的顶上跳下，对自己的巫术天赋进行了致命的考验。这些勇敢的尝试造成的死亡或伤害很常见，但无论是幸免于难或是因此得到尊重，潜在的收益都超过了风险。

　　在公元纪年的头几个世纪，基督教在欧洲大部分地区立足之后，对于飞行的尝试遭到了严厉谴责。《圣经》伪经中有

凯·卡乌斯国王乘鹰升起，出自菲尔多西（Firdausī）的波斯手稿《列王纪》（Shāhnāma），1586 年。请注意，他和亚历山大大帝都将诱饵挂在飞行器的顶部

撒旦和他率领的恶魔，出自约翰·弥尔顿的《失乐园》（1688 年版）

图解
飞行史
———
Taking to the Air
An illustrated History of Flight

DAEDALUS AND ICARUS.

阿尔布雷特·丢勒（Albrecht Dürer）用木版画描绘的代达罗斯和伊卡洛斯故事，
1493 年

一个寓言故事，讲的是公元 2 世纪，术士西蒙在罗马广场表演
悬浮术，一位基督教使徒祈求上帝阻止这种行为，然后西蒙从
半空中掉了下来。飞行与魔法、超自然现象和超越我们与生俱
来的能力的渴望联系在了一起。翅膀是基督教中有关魔鬼的一
个特殊主题，魔鬼甚至诱惑基督尝试飞行；撒旦及其手下的恶
魔经常被赋予蝙蝠翅膀，以区别于天使的羽毛翅膀。翅膀是一 [16]
种重要的视觉符号，因为在基督教诞生之前的精神图像中，翅
膀和动物的其他部分一样，都是神秘力量的一种属性，即便它
们没有被形象地描绘出来。

那些最有学问的学者，把他们的大部分时间都用在冥想
上了，他们都是虔诚的人。这在一定程度上可以表明 13 世纪
教会内可接受的探究领域，托马斯·阿奎那被鼓励去冥想一个

针尖上能有多少个天使跳舞，而罗杰·培根则因为设想扑翼机的模型而受到谴责。我们所知道的中世纪第一次飞行尝试发生在 852 年，哲学家和诗人阿巴斯·伊本·菲尔纳斯（Abbas ibn Firnas）配备了一个翼状降落伞，从安达卢西亚科尔多瓦大清真寺的尖塔上一跃而下。这一尝试的失败促使他开始研究一种固定翼装置，23 年后，他在被召集的人群面前进行了试验。这次，他滑行了一段距离后才落地，背部受伤，他认为这是装置没有配备尾巴造成的。一个多世纪后，在不同地方先后有两次使用翅膀的飞行尝试，可能都是受了伊本·菲尔纳斯的启发。1002 年，著名的阿拉伯词典编纂者阿布·贾哈里（Abu Nasr al-Jawhari）从清真寺顶上跳了下来，并当场死亡，此前他在内沙布尔（Nīshāpūr，在今伊朗北部）教书。1029 年，英国修道士埃尔默从萨默塞特郡马尔默斯伯里修道院的高塔上跳了下来，双腿摔断；他活了下来，就像伊本·菲尔纳斯一样，他后悔没有在设计中加上尾巴。1162 年，在君士坦丁堡，一位不知名的发明家（在欧洲航空史上被笼统称为"撒拉逊人"，这也是个过时的说法），试图向皇帝曼努埃尔一世演示飞行，结果这名飞行员当场死亡。事实证明，由于他太重了，无法打开加固过的布质降落伞。

在大约 1 000 次记录相对较少的飞行尝试之后，在欧洲，有关飞行的冲动似乎又一次沉寂了几个世纪，主要原因是基督教观念的普遍压迫：飞行被看作魔鬼的活计。而意大利的文艺复兴重新点燃了人们对飞行的渴望，由于公爵们的资助，工程学得到发展，列奥纳多·达·芬奇、数学教授乔万·巴蒂斯塔·丹蒂（Giovan Battista Danti）等典型的博学多才的人物都参与其中。后者巧妙地测试了自己设计的用铁棒固定在湖面上

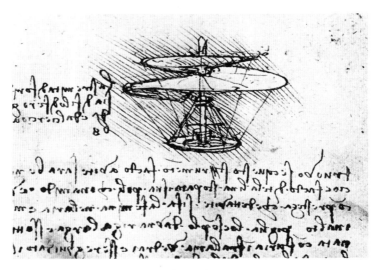

列奥纳多·达·芬奇设计的螺旋桨，约 1500 年

的翅膀，但选择于 1503 年在佩鲁贾中部举行的一场大型婚礼上向公众介绍这种装置。在撞上教堂屋顶之前，他设法从聚集在主广场的观众头顶上俯冲下来，并最终幸存，得以继续教学工作。 [17]

为了获得荣誉而冒遭到公众谴责的风险，对列奥纳多·达·芬奇来说并不具有吸引力。他很清楚公众的反复无常。他曾观看过 15 世纪 70 年代佛罗伦萨著名的展览盛会，可能还是合作方；在他现存的论文中，第一批翅膀草图描绘了这些展览中展出的自动飞行机械的设计。15 世纪 90 年代早期，他开始研究飞行器，并购买了一个大型封闭式阁楼，用于模型试验。尽管达·芬奇提出了几个世纪以来最引人注目、最先进的为人类所驱动的飞行器机械设计，但没有记录显示他公开展示过自己的原型机。或许他

对页图：福斯特·弗兰契奇设计的"飞人"，出自《新式机器》（*Machinae Novae*），约 1615 年

38. HOMO VOLANS.

一直着眼于这方面，但其航空学著作在 1797 年被拿破仑从意大利拿走之前相对不为人知。他最接近飞行奇观的时刻，似乎是在赞助人的院子里做了一些如梦似幻的蜡球，肆意溅射。事有凑巧，在达·芬奇设计了第一个降落伞一个世纪之后，克罗地亚发明家福斯特·弗兰契奇（Faust Vrančić）在关于自己的发明的书中，提出了一个非常相似的原型——"飞人"（Homo Volans）。

我们已经看到，教授和学者准备把他们的尊严押在飞行这个目标上。丹蒂是全欧洲几个碰运气的意大利人中的第一个冒险者。1536 年，钟表匠丹尼斯·博洛里（Denis Bolori）从法国特鲁亚大教堂上跳下，滑翔了大约 1 英里*，在触地时丧生。乔瓦尼·达米亚诺（Giovanni Damiano），或称约翰·达米安（John Damian），因于 1507 年从斯特林城堡（Stirling Castle）顶上跳下而赢得了王室观众的青睐。在被欧洲其他国家作为一个江湖骗子追捕后，达米亚诺最终在苏格兰担任了当地一家修道院的院长，并为詹姆斯四世表演飞行。但是结果令人失望，詹姆斯四世并没有亲眼看见哪怕一次令人印象深刻的飞行，受伤的修道院院长则声称自己的老鹰羽毛里被掺入了鸡毛。这是由于人们普遍相信吸引力法则，即鸡的羽毛被吸引到地上（鸡就生活在地上），而鹰的羽毛自然会上升到高空。一个物体的象征意义被认为和它的材料特性一样有效。1540 年，一个渴望在葡萄牙飞行的人出钱雇用维塞乌城信使，向人们宣布奇迹就要发生：他将带着魔法翅膀飞行。他的翅膀用的是镶框的厚棉布，而不是羽毛；他戴着有尖嘴的风帽，让人联想到一只鹰。风帽滑动导致他撞到屋顶上，几天后就死了。

[19]

---

* 1 英里约折合 1.61 千米。——编者注

这种经常在飞行中使用的表演技巧源于既有的实践。从
15世纪起，人们用复杂的机械装置在欧洲各地的舞台上模拟飞
行，杂技表演也得到了良好发展。走钢丝有时被视为类似于飞
行的表演。土耳其编年史家埃夫利亚·切莱比（Evliya Çelebi）
写道，在17世纪中期的伊斯坦布尔，"有13位大师，每一位
都能用绳梯爬上天空，与耶稣和基路伯交谈"。[4]根据他的叙
述，苏丹穆拉德四世见证了两次成功的飞行，分别由走钢丝表
演者赫扎尔芬·艾哈迈德·切莱比（Hezârfen Ahmed Çelebi）
和拉加里·哈桑·切莱比（Lagari Hasan Çelebi）完成。据说，
赫扎尔芬使用一架有翼滑翔机从加拉塔塔（Galata Tower）向
君士坦丁堡处在亚洲的一侧飞了2英里。拉加里用一枚巨大的
火箭将自己发射出去，并用鹰羽翼控制自己降落到博斯普鲁
斯海峡。二人都从一位对表演印象深刻又感到困惑的苏丹那里
领取了养老金。不太成功的是法国走钢丝表演者夏尔·阿拉
德（Charles Allard）：1660年前后，他当着路易十四的面表演，
从钢丝上飞下来的时候受了重伤。

　　17世纪出现了理论飞行方法的一个转折点。伽利略、开普
勒和笛卡儿在科学研究的新气象中发挥了重要作用，他们在经
验框架中提出了关于世界规律的最深刻的问题。在这之前，人
们普遍认为飞行是一个神圣的谜题，只有特立独行的人才会
通过尝试飞行来挑战万物的自然秩序。人们对飞行的正当性
仍然有很大的反对情绪，1635年，托马斯·海伍德（Thomas
Heywood）痛斥："多么疯狂的行径……这是在尝试上帝和大
自然禁止的行为！"[5]但是，17世纪，人们对飞行的机械和物
理可能性的关注从宗教沉思转向了科学或自然哲学。当时，几
乎所有著名的飞行理论家都是宗教人士，因为不进圣堂就无法

[20]

取得研究进展，也没有机会进入大学学习，但他们认为飞行是人类的一种努力，而不是对圣地的侵犯。约翰·威尔金斯（John Wilkins）是切斯特主教和牛津大学沃德姆学院院长，自 13 世纪的罗杰·培根以来，他是率先在 17 世纪 30 年代和 40 年代的几本科学著作中积极而实际地描写飞行的英国人。1638 年，他的著作《发现月球上的世界》（*The Discovery of a World in the Moone*）认可了伽利略和开普勒最新的天文发现，思索了在月球上居住的可能性，曾产生极大的文化影响。在《数学的魔力》（*Mathematicall Magick*，1648 年出版）中，他提出了四种尝试飞行的方法："一，在精灵或天使的帮助下飞行；二，在飞禽的帮助下飞行；三，在身体上牢牢地安上翅膀；四，乘坐一辆飞车。"[6] 威尔金斯不加分辨地列举了超自然因素和自然因素，提醒人们注意到他那个时代的学术氛围：他没有排除任何可能性。在这四种方法中，飞车似乎是最不可信的。

同年，这位主教的同僚弗朗西斯·戈德温（Francis Godwin）出版了第一部有关飞行的小说。小说中，一位西班牙冒险家骑着野天鹅登上了月球。在接下来大约 150 年的时间里，威尔金斯和戈德温的故事将影响浪漫小说和早期科幻小说表现飞行及其可能性的方式，体现在罗伯特·帕尔托克（Robert Paltock）、西拉诺·德·伯格拉克（Cyrano de Bergerac）、理查德·欧文·坎布里奇（Richard Owen Cambridge）、让-雅克·卢梭、塞缪尔·约翰逊和雷斯蒂夫·德·拉·布雷顿（Restif de la Bretonne）等人的作品中。

琉善的《信史》（*A True Story*）首次被翻译成英文后仅仅 4 年，威尔金斯和戈德温的书就出版了。这并非巧合。这位 2 世纪的讽刺作家讲述了自己的登月之旅和伊卡洛梅尼普斯

上图：弗朗西斯·戈德温作品《月球上的男人》(The Man in the Moone，1638 年)
的插图

下图：《绅士 M. 布什的旅行纪实》(A true relation of the travels of M. Bush, a Gentleman,
1607 年) 卷首插画，描绘了一艘金飞船载着主人公从伯克郡的兰伯恩到伦敦。这艘
飞船从教堂塔顶出发，计划在空中行驶 60 码˙，然后在陆地上走 25 英里，最后在水
上开 100 英里

出自西拉诺·德·伯格拉克作品《太阳之旅》（*Voyage to the Sun*）英文版（1687 年）卷首

英雄维克托兰用人造翅膀和心爱的克里斯汀私奔，出自雷斯蒂夫·德·拉·布雷顿作品《法国迷宫》
(*Le Dédale Français*，1781 年)

A. P. 加尼特为圣 J. B. W. 威尔逊译作《琉善的仙境》(*Lucian's Wonderland*，即《信史》，1899 年）制作的插图

弗朗西斯科·拉纳·德·泰尔齐的飞行器设计，出自《能够在空中旅行的新方法》（*Novo metodo para poter viaggiare in aria*，1784 年）

（Icaromenippus）的故事。伊卡洛梅尼普斯在向多位争论不休的
哲学家请教如何飞行后，决定"给自己弄一对翅膀"，并用一
只鹰的翅膀和一只秃鹫的翅膀将自己送上了月球。琉善的技能
依赖于翅膀的象征属性，而不是任何物理逻辑，但是从 17 世 [26]
纪的背景来看，这也算不上荒谬。在飞行设备的设计中使用与
飞行和上升有关的象征符号，无论这些设计与目的多么相配，
都表明通过联想鼓励人们相信飞行与飞行本身一样重要。

　　随着 17 世纪中叶气压表和气泵的发明，物理学的进步
使欧洲科学界开始考虑"比空气还轻的"飞行的可能性。耶
稣会学者加斯帕·肖特（Gaspar Schott）、阿萨纳修斯·克尔
彻（Athanasius Kircher）和弗朗西斯科·拉纳·德·泰尔齐
（Francesco Lana de Terzi）都发表过论文，认为飞行器可以通过
真空上升。拉纳·德·泰尔齐甚至建造了一艘模型飞艇，但没

纪尧姆·路易·菲基耶（Guillaume Louis Figuier）作品《科学的奇迹》（Les Merveilles
de Science，1868 年）中的人物贝尼埃

"汉姆格拉夫骑士和德·古尔侯爵乘坐他们新的空中交通工具去月球旅行",1784年

有驾驶过它。他认为,上帝肯定不会允许这样一台机器取得成功,因为它"将给人类的国家和政治统治制造许多混乱"。[7]1680年,数学家乔瓦尼·阿方索·博雷利(Giovanni Alfonso Borelli)得出结论,人类不可能通过拍打翅膀来实现飞行,因为人类缺乏快速移动大型翅膀所需的肌肉力量。然而,这没能阻止跳塔者;事实上,17世纪最重大的飞行事件就发生在博雷利发表

[27]

论文之前一年左右。法国锁匠贝尼埃（Besnier）发明了一种滑翔机，可以通过摆动胳膊和腿来操作。17世纪70年代末，他在法国曼恩地区的萨布莱镇（Sablé）飞行了一段距离，跨越了一条河，向人们展示了自己的滑翔机。与之前那些零散且不断变换说辞的文献形成鲜明对比的是，《学者杂志》（*Journal des Savants*）刊登了一篇关于贝尼耶英勇行动的报道，由此在科学界和更广泛的民众当中产生了影响。贝尼耶操作设备的图片也迅速扩散开来，他的设备看起来就像一对交叉的桨。在大多数图片中，他赤身裸体，以伊卡洛斯般的优雅姿态出现。成名之后，贝尼耶决定不再飞行，并把自己的设备卖给了一位巡回艺人。

在英国，罗伯特·胡克（Robert Hooke）对这一消息表现出极大兴趣，把这段飞行经历及拉纳·德·泰尔齐的论文翻译成英语。胡克是约翰·威尔金斯的朋友，也是他以前的学生，曾多次尝试测试威尔金斯的想法。胡克声称，他一生都在坚持飞行实验。有一种说法是，他对飞行的兴趣还得益于伦敦复辟剧院（London Restoration theatre）精心设计的舞台艺术，这里经常以飞行中的人物为主角。[8]关于飞行、实现飞行的方法，以及由此对社会产生的影响的辩论，在整个17世纪都十分激烈。剧院并非孤立于探索和科学发现的氛围之外。这是人们第一次在象牙塔外、在咖啡馆和客栈、在客厅和公共空间考虑飞行的可能性。这为幻想家和讽刺作家提供了素材，同时，作为古代思想和现代思想对垒的舞台，它在乔纳森·斯威夫特的讽刺作品《书的战争》（*The Battle of the Books*，1704年）中发挥了作用。

任何人都可以发表意见——只要他是个男性。1653年，多萝西·奥斯本（Dorothy Osborne）记录了一件事，她曾在晚饭

[28]

后听到自己的兄弟和一位男性朋友的交谈：

> （他们）当时正在讨论飞行，都认为很有可能找到一种方法，让人们像鸟儿一样飞翔并四处旅行。我整晚都没说一句话，我渴望他们能多谈一会儿，但我还没有开始发言，他们两个却发出了粗鲁的笑声，因为他们认为飞行这种艺术与作为女人的我无关。[9]

[30]　　当时，听到一个女人对科学问题表现出兴趣，人们的哄笑也许并不令人惊讶。但这也表明，女性没有出现在关于飞行的讨论中是一种普遍现象。直到18世纪中期，在许多关于飞行尝试的描述中，没有一个身着"翅膀"的女人出现过；事实上，仅有的会飞的女性要么是古典神明和神话中的人，要么是女巫。对于女性来说，在16世纪和17世纪宗教迫害最严重的时期，任何飞行的尝试都会带来双重风险，要么可能在飞行中意外身亡，要么可能被当作女巫处死。

　　在17世纪人们对飞行问题给予极大关注之后，飞行装置的设计出现了从假翅膀到飞机的转变，或者用历史学家查尔斯·吉布斯－史密斯（Charles Gibbs-Smith）的话来说，这是从"振翅者"到"飘浮者"的转变。[10]拉纳·德·泰尔齐率先提出用巨大的密封球体吊起小船的想法，蒂托·利维奥·布拉蒂尼（Tito Livio Burattini）为波兰国王瓦迪斯瓦夫四世制造了"飞龙"（Flying Dragon）。到了1709年，另一位天主教神职人员巴尔托洛梅乌·德·古斯芒（Bartolomeu de Gusmão）说服葡萄牙国王支持他发明的"燕子"（Passarola），这是一个令人欣喜且不可思议的巴洛克风格的创造，几十年中，它的形象一直在欧洲媒体上流传。在整个欧洲大陆，发明家们致力于飞行

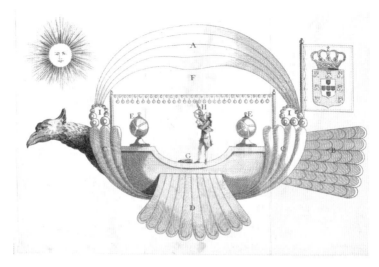

巴尔托洛梅乌·德·古斯芒的"燕子"飞行器，1709 年

器的设计，其中包括伊曼纽·斯威登堡（Emanuel Swedenborg）
和未来的气球驾驶员让-皮埃尔·布兰查德（Jean-Pierre
Blanchard）。"基路伯战车"（Cherub Chariot）、"飞轮战舰"
（Vaisseau Volant）、"代达罗斯船"（Daedalian），尽管这些命名
很容易让人产生遐想，但它们与浪漫主义小说家在同一时期设
想的虚构装置几乎没有什么不同。

　　跳塔者还在继续尝试，其中就包括德·巴克维尔侯爵
（Marquis de Bacqueville）。1742 年，他在一艘洗衣女工的驳船
上摔断了双腿，结束了备受瞩目的穿越塞纳河的飞行。18 世纪
后期，气球的发明和改进吸引了几乎所有对航空感兴趣的人的
注意，但还是有一些发明家继续研究翼装和扑翼机。奥地利钟
表制造商雅各布·德根（Jakob Degen）使用氢气球提供足够的
升力，让 12 米长的翅膀能够正常工作。1812 年，他正为在巴
黎的飞行做准备时，被观众袭击并受伤。据推测，这次攻击由

讽刺报纸展示让－皮埃尔·布兰查德的"飞轮战舰"的用途，约 1782 年

雅各布·德根失宠，被法国讽刺作家夸张地描绘为"现代代达罗斯的灾难"

虚假广告引发：德根带翼飞行的能力是他许诺的卖点，而他却用一个寻常的气球作为升空工具。这个令人遗憾的事件表明，当一种用于飞行的可靠助力形式得以实现，观看飞行的观众对飞行表演者就有了更高的期望。

01

"长着翅膀"
的人

——

Winged
Men

风
囊

[33] 一万颗心急速跳动，
所有的语言都因惊奇和恐惧而缄默，
直到有一声呼喊，像大海的声音，在他狂野的路上滚滚而来。
他高飞，他随着高度上升而缩小，
变成了一个闪闪发光的圆环……就像一轮初升的明月！
最后他降落下来，受到宇宙的欢迎。

——托马斯·卡莱尔（Thomas Carlyle），
《法国大革命》(The Frech Revolution)，1837 年 [11]

　　第一个可靠的飞行方式——热气球，必然需要成群的观众来见证。人类首次将一个直径 30 英尺 *、装满燃烧秸秆所产生的热空气的纸袋发射升空，是为了给里昂附近一家家庭造纸厂做广告。孟格菲兄弟（Montgolfier brothers）等到一大群人聚集起来，才放出自己的装置。严格来说，1783 年 6 月在阿诺奈（Annonay）的这次升空是第一次热气球飞行，也是一次非常有效的宣传。这对兄弟不仅因为他们的发明而声名鹊起，还无意中引发了人们对不同纸张制品，即关于飞行新现象的印刷品和版画需求的激增。托马斯·卡莱尔在 1837 年出版的《法国大革

对页图：1783 年 12 月，夏尔和罗贝尔从杜伊勒里花园升空时，吸引了一半巴黎人观看

——————————————————

* 1 英尺折合 30.48 厘米。——编者注

在这幅英国漫画里，孟格菲兄弟中的一位高呼："这是伟大的发明——这将使我的国王、我的国家和我自己永垂不朽。我们要向敌人宣战，我们要让英国地动山摇。"

命》一书中，将这一现象纳入了所谓"纸张的时代"——纸币和书籍以前所未有的方式印刷。"多么美丽的发明；向天空飞去，多么美丽——多么不可思议！……所以，乘着风囊，人们将抵达天堂。"[12]

当孟格菲兄弟准备在凡尔赛宫为国王路易十六重现壮举时，雅克·亚历山大·塞萨尔·夏尔（Jacques Alexandre César Charles）博士正在试验另一种使气球上升的方法。19 世纪 60 年代，英国科学家亨利·卡文迪什（Henry Cavendish）发现了"可燃气体"；随后，法国化学家安托万－洛朗·拉瓦锡对其进行提炼，并将其命名为氢气。氢气作为一种助升燃料的实用性已经通过将其填充进肥皂泡进行了测试，毫无疑问，受到在阿诺奈这次发射成功的启发，夏尔将装置材质改为经过处理的丝绸封袋，并于 1783 年 8 月下旬在战神广场（现在埃菲尔铁塔所在的地方）观众的注视下为 30 英尺的大气球举行了升空仪式。 [34]

气球落到戈内斯村（Gonesse），村民们吓了一跳，用干草叉和火枪向它发起攻击。他们还认为气球是恶魔的化身，叫来一位牧师，用圣水为这皱巴巴的贝壳状的东西祈福 [并非只有法国乡下人对这种场景感到恐慌：1783 年晚些时候，从伦敦升空的一个小气球落在了英国小镇莱姆斯特（Leominster），那里的居民同样吓了一跳]。法国政府颁布公告安抚人心："任何看到这种像月亮一样的球状物的人，都应该意识到，这不是令人恐慌的东西，它只是一种由塔夫绸或浅色帆布制成的机器，用纸覆盖，不会造成任何伤害，并且有朝一日它将被证明可以满足社会的需要。"[13]说它对运输、勘测和战争发挥作用还言之尚早，彼时社会需要的是有更多气球升空。

两周后在凡尔赛宫展出的热气球高70英尺，足以让夏尔式气球相形见绌。这个热气球色彩绚丽，上面画满了经典的故事，还载着象征性的活物，包括一只羊、一只鸭和一只公鸡，用来测试人在上层大气中生存的可能性。最后，精心设计的凡尔赛宫花园将原原本本尽收眼底，即便当时只有热气球上的牲畜能看到。两个月后，孟格菲兄弟准备将第一批人员送到空中，包括热情潇洒的让－弗朗索瓦·皮拉特雷·德·罗齐尔（Jean-François Pilatre de Rozier）和弗朗索瓦·劳伦特（François Laurent），以及阿尔朗德侯爵（Marquis d'Arlandes）。热气球从一座山上升起，俯瞰战神广场。两名飞行员在走道两侧忙着点火，热气球在巴黎上空飞行了27分钟。热气球刚一着陆，皮拉特雷为炫耀而穿上的那件鲜绿色大衣就被兴高采烈的人群抢走，撕成碎片作为纪念品。

夏尔又一次落在了孟格菲兄弟的后面。在人类第一次乘坐气球飞行后仅仅10天，夏尔博士乘坐自己设计的气球，和同伴罗贝尔先生一起从巴黎的杜伊勒里花园升空。当时，气球飞行已经成为这座城市的热门话题，多达40万人前来观看，人数相当于这座城市人口的一半。这也是法国大革命之前，巴黎有史以来聚集过的规模最大的人群。从中我们或许可以看出，

02

风 囊
——

Windbags

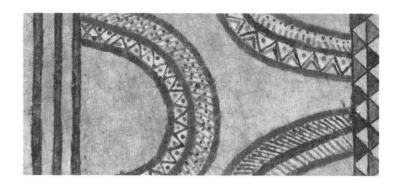

上图：1784 年 1 月在里昂附近升空的热气球的材料样本

下图：同样是热气球升空，当时有 7 人搭乘，1 万人围观

上图：1783 年 12 月 1 日，夏尔和罗贝尔乘坐的气球返回

下图：1783 年 8 月 27 日，第一个无人驾驶的气球在戈内斯村降落后，人群惊慌失措

[38]　人们这次对气球的反应，为不到 10 年后巴黎公众另一种不同的群体情绪打下了基础。这次飞行持续了两个小时，同伴走下气球后，气球迅速重新启动，载着夏尔独自飞行了 35 分钟。他在书中描述了这次非凡的经历，空中飞行给他带来"一种身体上的狂喜"："如此彻底的平静。如此的浩瀚！如此惊人的景象。"[14] 这可以算作大量航空旅行写作的先驱。

　　虽然孟格菲兄弟取得了首飞纪录，但夏尔的充气绸质气球更为安全可靠。气球上的助升气体起初使用氢气，19 世纪改用煤气，20 世纪又换成氦气并成为常态，直到 20 世纪 60 年代丙烷燃烧器成为一种可行的替代品。

　　这一时期的印刷文化能够快速而大量地满足公众对航空学日益增长的兴趣。这些初始飞行的场景被描绘成几十种版本，印刷在期刊、报纸和纪念品传单上。这些气球本身意义非凡，但看到它们在版画中的构图也很有吸引力。这些图片多以"肖像"形式呈现，气球在画面中具有足够的高度；周围有一群旁观者，中央是一个发射点，背景是风景细节，表示一个个象征性开放空间——杜伊勒里宫、战神广场或凡尔赛宫。有时，我们可以从航空版画的收藏集中看出雕刻师所用模板的不同：

[40]　背景和旁观者保持不变，但气球的类型会更新。这种"对于气球的狂热"并不局限于印刷品。手帕、鼻烟壶、耳环、餐具、扇子，甚至钢琴上都装饰着航空图案。

　　在法国，科学院和王室支持航空业的发展，学会控制着谁能飞、什么时候能飞。在英国，皇家学会主席约瑟夫·班克斯

02

对页图：1783 年 9 月 19 日，在凡尔赛宫升空的热气球。它被命名为"雷韦永号"（Réveillon），以纪念它的设计师让 - 巴蒂斯特·雷韦永（Jean-Baptiste Réveillon）。他是一位墙纸设计师。气球上有一只羊、一只鸭子和一只公鸡

（Joseph Banks）对这项新发明的轻率和明显缺乏实用性提出质
疑，乘气球飞行是一项不受管制的私人融资活动。1784 年夏
天，随着气球狂热越过英吉利海峡，英国各地的人开始试验无
人驾驶的小型充气气球和燃气气球。首次进行载人飞行的意大
利人文森特·鲁纳迪（Vincent Lunardi）为了筹集制造和发射
气球所需的大量资金，施展了自己的魅力和演技。他租用伦敦
兰心剧院（Lyceum Theatre），并为支付观赏费的游客展示了自
己的新气球。当在封闭的空间内充满气时，气球看起来非常大。
鲁纳迪声称当时有 2 万人聚集在现场观看。气球被安置在剧院
里，也为他的飞行升空做了一个效果很好的广告。1785 年 9 月，
气球在莫尔菲尔兹（Moorfields）的炮兵阵地升空，吸引了多达 [41]
15 万名观众。像后来的许多次发射一样，这次发射延迟了几个
小时，在这段等待的时间里，人群的情绪变得焦躁和狂乱，但
鲁纳迪最终还是在观众的热烈欢呼声中成功起飞，在空中飞行
了好几个小时。气球成功降落后，他以独家采访的方式将自己

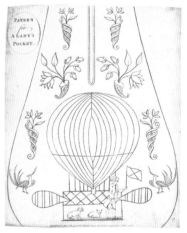

"最佳气球"烟草广告和女士钱袋设计图样

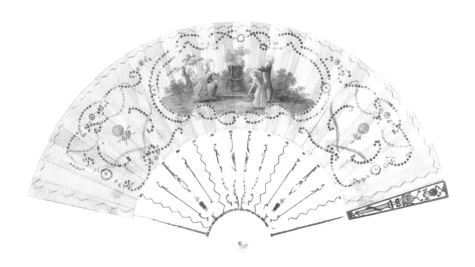

带有气球图案的扇子及其局部

左图：1784 年 9 月，文森特·鲁纳迪乘坐气球从伦敦托特纳姆宫路升空
右图：文森特·鲁纳迪升空后，另一个气球从莫尔菲尔兹升空

1785 年 1 月 7 日，让－皮埃尔·布兰查德和杰弗里斯博士从多佛出发，首次乘坐气球
飞越英吉利海峡

的故事卖给了《晨报》(*Morning Post*)，并再次在万神殿中展示了他的气球。

　　鲁纳迪为英国的气球飞行定下了基调；在英国，气球飞行比在法国更具有节日气氛和商业气息。一位名叫让-皮埃尔·布兰查德的飞行员甚至来到英国，希望能筹得资金。当时，他因为自己不科学的态度被法国官方拒之门外。他将与美国赞助人约翰·杰弗里斯博士共同完成第一次海峡穿越。

　　就像气球升空前的飞行试验一样，目睹升空过程对其成功同样至关重要。早期的气球驾驶员从来就不知道自己会降落到哪里；他们的着陆通常会引来一大群人，而且他们总是要去找当地的土地所有者或官员签署一份宣誓书或书面承诺，以保证飞行期间的安全。他们非常注重外在的东西，这不仅体现在气球和座舱的装饰上，也体现在服装和票证的设计上，他们还想在空中演示最壮观的场面；驾驶员还会用[42]转向桨、彩带和铃铛等向下面的人群发出信号，正是这些人以捐赠或缴纳入场费的形式资助了这次飞行。正如一位飞行员所说，"对公众的好奇心征税"使这样的飞行成为可能；人们强烈地意识到飞行表

观看鲁纳迪气球升空的门票

演必须尽可能长时间地进行下去。[15] 正如阿尔朗德侯爵在 1783
年与皮拉特雷·德·罗齐尔一同参与飞行后所指出的，观众的
反应并不总是像预期的那样：

> 我们起飞后，观众只发出了很小的噪音，我对此感到很意
> 外；我想可能是因为他们有些惊讶和害怕，他们可能需要鼓励，
> 所以我挥动手臂，但没有成功。然后我抽出手来，抖了抖手帕，
> 立刻发现下面聚集的人群中发出了很大的动静。[16]

气球驾驶员的情绪依赖于人群的反应，有时还得任由观众
摆布。虽然从没有一个气球驾驶员被观众杀死，但情绪激动的
观众冲上台毁坏飞行设备的例子却数不胜数。1784 年 12 月，
6 万名观众赶到伯明翰观看飞行表演，但气球起飞失败了。于
是，一部分观众开始"轰炸"，向气球的外壳和昂贵的前排座
位"扔棍子、石头、死猫狗等"。最终"和平"官员赶到现场，
并宣读了《取缔闹事法》，才得以驱散人群。这次冲突中有一
人身亡。

[43]

死亡率是飞行先驱们在驾驶气球飞行之前必须面对的一个
问题，但人们很快就把它与航空学联系起来。1785 年，皮拉
特雷·德·罗齐尔和同伴在试图首次从法国飞越英吉利海峡时
不幸遇难。当时，他们乘坐的是一个双层气球，底层为热气球
式，顶层是夏尔式，气球是在布伦市上空起火的。1786 年，在
泰恩河畔的纽卡斯尔，鲁纳迪表演飞行时，一位当地观众被气
球的绳子缠住，摔死了。本杰明·富兰克林和霍勒斯·沃波尔
等评论者很快将法国和英国在航空事件上的非正式竞争与更为
严重的政治问题和对空战的预测混为一谈，这在法国指挥官

拿破仑的文化想象中得到了充分的发挥。后来的 10 年中，他试图在奥地利和埃及的军事袭击中使用气球，但基本上都失败了。不过在 1798 年巴黎联盟节期间，法国人的气球对战神广场上一个形似英国军舰的模型进行了空中轰炸，从中我们可以窥见 18 世纪 90 年代晚期法国人对英国人的敌意。拿破仑一直对气球情有独钟；1804 年当上皇帝后，他雇用了一名官方飞行员，在节日期间组织爱国航空表演。

气球被用来展示国家和王室的力量，也有项目将它们用于国际研究。"密涅瓦号"（Minerva）由艾蒂安 - 加斯帕尔·罗贝尔（Étienne-Gaspard Robert，人称"罗贝逊教授"）设计，该设计于 1804 年在欧洲的学院中流传。它是一艘直径 150 英尺、内有充足空间的飞船，船上可载 60 名乘客，进行为期 6 个月的环球旅行。尽管"密涅瓦号"是教学用的，但上面也装饰着象征飞行的标志。气球的顶部是一只公鸡，气球上装饰有羽毛小翅膀和几张帆，最宽的地方有一条硬皮带，观察者可以在上面集中休息。

发明家一心想让气球顺利航行，但批评者嘲笑气球缺乏实用性。尽管如此，飞行表演仍然是一个受欢迎且能够盈利的行业。1812 年，牛津的气球驾驶员詹姆斯·萨德勒（James Sadler）在哈克尼（Hackney）发射了一个气球，记录这次飞行的版画展示了观众中的微观经济：那些没有能力支付前排座位[47]费用的人爬上树或旁人肩膀来观看飞行表演，小贩则在人群中兜售面包和印刷品。

如果不是升空，那就是降落——用降落伞空投活的猫、狗和羊一类做法，往往是吸引人的。从 1797 年开始，气球也可以载人，甚至可以乘载女性。法国飞行员安德烈 - 雅克·加纳

02

风 囊
——

Windbags

LES ACCIDENTS DE L'AÉROSTAT.

Rupture du ballon du major Money, et sa chute dans la grande mer d'Allemagne, où il faillit périr le 18 juillet 1785.

Incendie du ballon et mort de Madame Blanchard, partie de Tivoli, es précipitée sur le toit de la maison n° 16, rue de Provence, le 6 juillet 1819.

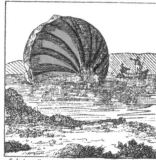

Godard, entièrement submergé et embarrassé dans les cordes de sa nacelle, est sauvé près de Grenelle par des pêcheurs, en juillet 1848.

Ascension équestre du lieutenant Galle, à Bordeaux ; descendu à Cestas, où l'aérostat, delesté du poids du cheval, enlève de nouveau l'aéronaute, trouvé le lendemain, 15 septembre 1850, horriblement mutilé.

Le jeudi 15 avril 1875, le Zénith partit de Paris vers midi ; il était monté par trois intrépides aéronautes : MM. Crocé-Spinalli, Sivel et Tissandier. — Ces savants, après avoir dépassé en une heure l'altitude de 8000 mètres, tombèrent dans un état d'anéantissement complet dû à la raréfaction de l'air. M. Crocé, s'étant réveillé un moment, jeta l'aspirateur qui étant dans la nacelle, et s'évanouit de nouveau. Le ballon remonta alors avec une vitesse vertigineuse à une altitude inconnue. A trois heures, M. Tissandier, reprenant ses sens à 6000 mètres, vit ses deux compagnons couchés dans la nacelle, la figure entièrement noire et la bouche pleine de sang.

CATASTROPHE DU ZÉNITH.

Ascension et mort d'Olivari à Orléans (Loiret), le 25 novembre 1802.

Il put cependant opérer la descente du ballon qui vint se déchirer contre des arbres, près de Ciron (Indre). Ce fut seulement après les avoir vainement appelés et secoués qu'il s'aperçut qu'ils étaient complètement asphyxiés. Les deux cadavres furent ramenés le 18 avril à Paris par M. Gaston Tissandier. Les obsèques eurent lieu le 20 au milieu du concours empressé et recueilli d'une affluence considérable ; l'Académie des sciences et tous les corps savants s'y étaient fait représenter officiellement et accompagnèrent jusqu'au Père Lachaise les deux malheureuses victimes de leur dévouement à la science.

Ascension de Robert et du duc de Chartres (Philippe-Égalité) à Saint-Cloud, suivie d'une descente périlleuse, le 15 juillet 1784.

Ascensions de Sadler, à Bristol, à Dublin, à la suite desquelles il faillit périr dans la mer d'Irlande, en 1840.

Harris, parti de Londres le 29 septembre 1824, perd son gaz et descend avec une telle rapidité que l'aéronaute est tué sur le coup.

Imagerie de P. DIDION, à Metz.   Déposé

THE GRAND REPUBLICAN BALLOON,

Intended to convey the ARMY OF ENGLAND *from the* GALLIC SHORE,

For the Purpose of exchanging French Liberty! for English Happinefs!

Accurately copied from a PLAN prefented to the EXECUTIVE DIRECTORY,

BY CITIZEN MONGE.

EXPLANATION OF THE REFERENCES.

A A A. The Balloon.
B. A Pedeftrian Statue, in the Head of which is the Obfervatory.
C. The Light Houfe.
D. The Grand Gate.
E. Pipes to let out the Inflammable Air.
F. Aerial Officers on the look out.
G. The Ship.
H. The Helm.

I. The Lodge of the Helm-Keeper.
K. The Hofpital.
L. The General's Houfe.
M. The Grand Aeroftatic Pipe.
N. The Sails.
O. Rope Ladders to which the Ship is faftened.
P. Apartments for the Officers.
Q. Grand Magazine of Combuftibles.
R. Small Wings for Ornament.

S. The Water Clofet.
T. Ordinaries and Coffee Houfes.
U. Gallery for mounting Guard.
X. A Small Balloon to ferve as a Boat.
Y. Telefcope.
Z. A Cannon for Signals.
No. 1. A Tent for the Infpector of the Cordage.
No. 2. Tents for the Aerial Navigators and Pumpers.

上图：装饰着断头台图案的"密涅瓦号"飞船，被一位英国讽刺作家更改用途，成为法国庇护所为英国军队提供的交通工具

对页图：展示一系列气球事故的法国画报

描绘英国游客观看安德烈－雅克·加纳兰的气球两次升空的插画，图书的卷首插画和扉页，1802 年

兰（Andre-Jacques Garnerin）和侄女伊丽莎（Élisa）围绕他们乘坐的气球进行了精心编排的表演。气球升空后会爆炸，随后二人用降落伞降落，同时空中绽开大量烟花。索菲·布兰查德（Sophie Blanchard）在她那有名的丈夫于 1808 年去世后成为寡妇，后来她成了一名气球驾驶员。不幸的是，1819 年，她在一次标志性空中烟火表演中不小心点燃了船上的氢气，因此失去了生命。从气球发明之日起，只有少数女性乘气球旅行，伊丽莎和索菲则属于第一批女驾驶员。

　　1830 至 1850 年间，气球在科学研究中的运用一度停滞不前，但这并没有阻碍作家们探索航空学的潜在应用。1835 年夏天，两篇颇具影响力的作品在美国发表。一篇是埃德加·爱

对页图：1812 年，詹姆斯·萨德勒从哈克尼升空

1802 年 3 月，法国时尚杂志《今日品味》（Le Goût du Jour）的一个图版，提示气球升空时应选择的服饰——提建议的人是加纳兰的妻子让娜 – 吉纳维芙

伦·坡的小说《汉斯·普法尔的非凡历险记》。故事中，一位鹿特丹的风箱制造商乘坐隔热气球吊舱登月，摆脱了贫困。另一篇则是理查德·亚当斯·洛克（Richard Adams Locke）为 [50]《纽约太阳报》撰写的一篇带有恶作剧性质的文章，声称启蒙运动时期的天文学家威廉·赫歇尔发现了月球上的居民，并描述了一次乘飞艇前往月球探险的经历。这两种叙述都得到了广泛的回响和模仿，其插图与那些认真研究空中航行方法的发明家绘制的蓝图几乎没有什么不同。气球也被美国作家彼得·帕利 [Peter Parley，塞缪尔·古德里奇（Samuel Goodrich）的笔名] 在《气球旅行》（Balloon Travels，1856 年）中用作教学手段。书中，家庭教师罗伯特·梅里（Robert Merry）和一群孩子完

MORT DE MME BLANCHARD (1819

左图：1811 年，索菲·布兰查德在米兰为拿破仑表演

右图：1819 年在巴黎举行的烟花表演中，因为气球着火，索菲·布兰查德当场死亡的场景

全不受气球升降技术的束缚，乘气球在爱尔兰、英国和欧洲大陆地区旅行，一路学习历史和地理知识。

到当时为止，气球驾驶员在空中航行时最多只能带一两名乘客。在航空业发展的头 50 年里，观众、消费者和读者都可以间接享受到飞行的乐趣，而驾驶气球的人在多数情况下理所当然获得了英雄先驱者的地位。19 世纪 30 年代以后，越来越多的人可以亲身体验一次飞行之旅。长途载客旅行的雄心也被点燃了。1834 年，从伦敦到巴黎的第一趟航班开始售票。欧洲航空协会（European Aeronautical Society）宣布，其"赛船"气球"鹰号"（Eagle）将很快在位于伦敦肯辛顿（Kensington）的"船坞"投入使用。第一个"鹰号"气球计划于战神广场发射，但在发射之前就已经爆炸；有苏格兰血统的法国发明家

[52]

《罗伯特·梅里的气球旅行》(*The Balloon Travels of Robert Merry*) 的卷首插画，1856 年

伦诺克斯伯爵（Count Lennox）建造了"鹰号"的继任者，并满怀信心地向公众展示了它。这艘由桨叶驱动的飞船在肯辛顿停放了三个月，然后被转移到沃克斯豪尔花园，迎接一群新观众，但从未飞行过。不久，"鹰号"就被遗忘了，取而代之的是广受欢迎的"皇家沃克斯豪尔号"（Royal Vauxhall Balloon）气球。

查尔斯·格林（Charles Green）是19世纪英国最重要的气球驾驶员，于40岁上下开始了自己的飞行生涯。他很早就意识到，可以用更便宜的煤气代替氢气作为燃料——19世纪20年代，伦敦已通过管道供应煤气。在飞行了数百次之后，他与沃克斯豪尔游乐场的业主签订合同，于1836年发射了一艘新的巨型飞艇。除格林外，"皇家沃克斯豪尔号"气球还能搭载11

"发明的世纪"：印在亚麻布手帕上的 2000 年愿景

关于伦诺克斯"鹰号"的讽刺作品

名乘客。在 1836 年从花园出发的几次大受欢迎的升空中，它既可以用绳索系住，装载乘客升到离地 100 英尺的高处；也可以脱离绳索，自由飞行。

　　格林正是驾驶着这个气球，完成了从英格兰起飞的第一次 [53]
长途飞行。气球载着两名乘客、大量的食物，以及葡萄酒（估计能维持一行人 3 周的生活），于 1836 年 11 月从沃克斯豪尔出发，没有固定的目的地，只有一个向远方飞行的目标。3 天后，他们降落在德国的拿骚（Nassau），并将剩下的食物慷慨地分发给帮助他们修理气球的路人。这段旅程是由其中一个名叫托马斯·蒙克·梅森（Thomas Monck Mason）的人以夸张冗长的笔法记下的。他的《航空》（Aeronautica）是一本精彩的读物。埃德加·爱伦·坡为了虚构一个气球成功飞越大西洋的故事，借鉴了这本书里的很多内容。事实上，格林确实提议用一

UNDER THE DIRECT PATRONAGE OF HER MAJESTY,

ROYAL GARDENS, VAUXHALL.

GRAND DAY AND EVENING FETE,

NEXT TUESDAY, AUGUST 7, 1838.

ASCENT OF THE

Nassau Balloon

COMBINED WITH THE EVENING ENTERTAINMENTS.

The Ascent conducted by Mr. GREEN.

Places in the Car for Ten Persons.

Doors open at Half-past Four—Ascent at Half-past Five—Concert at Eight—Michael Boai, Dramatic Piece, Living Statues, Dioramas, &c. follow, and the Fireworks at Half-past Ten.

Admission to the whole, **ONE SHILLING AND SIXPENCE;**
After the Ascent, to the whole of the Evening Amusements, } **ONE SHILLING!**

PARTIES CAN DINE IN THE GARDENS.

☞ **A Grand Naval Fete on Wednesday, 8th August.**

[Balne, Printer, 38, Gracechurch Street.

1838 年，查尔斯·格林的拿骚气球将在沃克斯豪尔发射并附带表演的广告

个装有发条式螺旋桨的气球来完成这次跨越海峡的飞行，但他从未找到赞助商。

重新命名的"皇家拿骚号"（Royal Nassau）继续从沃克斯豪尔，以及伦敦其他主要地区——如切尔西的克雷莫恩花园（Cremorne Gardens）起飞，直到 19 世纪 50 年代初格林退休。其他乘客包括著名记者亨利·梅休（Henry Mayhew），他写了一篇令人难忘的文章，记录自己在这座城市上空飞行的过程，这是一座他早已（从身体和精神层面都）了如指掌的城市。航空公司为公众提供了五花八门的娱乐活动，争取各种各样的"第一"：从女子飞行和夜间飞行，再到空中动物园。玛格丽特·格雷厄姆夫人 (Mrs Margaret Graham) 是一位勇敢但事故率有些高的气球驾驶员，这恰恰是她吸引大量观众的原因：她驾驶气球起飞时，很少能顺利升空，总会有激动人心的麻烦。此外，人群的活力往往足以引发危险的骚乱；当驾驶员的飞行不如预期时，气球仍会在观众的愤怒中被撕成碎片。 [57]

1859 年，气球驾驶员约翰·怀斯（John Wise）从美国伊利诺伊州的圣路易斯出发，航行了 1 000 多英里，到达纽约州的亨德森（Henderson）。他的下一个项目是飞越大西洋，但和格林一样，也没能筹到资金。气球已经证明了其长途旅行的能力：虽然不够可靠，但它确实能把人带到很远的地方。如果想对飞行方向施加任何影响，就要密切关注风向和气流，这为一种新的空中旅行方式播下了种子，即便还只是在幻想中。

格雷厄姆夫人的夜航广告，1850 年

托马斯·蒙克·梅森在《航空》（1838 年）一书中再现了"皇家沃克斯豪尔号"气球在拿骚埃尔伯恩山谷降落的场景

对页图：1836 年，"皇家沃克斯豪尔号"气球在肯特郡的梅德韦升空，开始向东穿越欧洲的旅程

MÉMOIRES DU GÉANT

par Nadar

[59]　　　　一个人在 14 000 或 15 000 英尺的高空乘坐气球，这在人类历史中是绝无仅有的。这一高度可能是人类能够达到的极限之一。没有任何飞行器能超过它。它是超脱于人类能力之外的存在。

　　　　　　　　　　　　　　　　——H. G. 威尔斯（H.G. Wells），
　　　　　　　　　　《空中战争》(The War In the Air)，1908 年 [17]

　　到 19 世纪 60 年代，乘坐气球飞行的可能性已经得到深入探索。但发掘气球在诸如运输、测量和勘探等方面潜在能力的想法却在不断消减。气球的娱乐价值虽然已经确立，但由于没有新奇的吸引人的地方，航空演艺人员很难为观众找到新的关注点。本章讲述了 19 世纪下半叶那个风囊盛行的年代：风囊发展为巨大的载人升降机，并升级为菱形飞艇。如果浮力问题已经成功解决，那么可操作性就是下一个目标。本书第 4 章将论述与此同时重于空气的飞行器的发展。事实上，这两个流派在世纪之交都取得了成功。

　　这个时期具有代表性的气球是"巨人号"（Le Géant）。1863 年，卓越的宣传员费利克斯·纳达尔（Félix Nadar）建造

对页图：纳达尔作品《在地上和空中："巨人号"回忆录》（A Terre et en l'air... Memoires du Géant）的标题页，1864 年

了这个巨大的充气气球，它带有用柳条编织的两层座舱，旨在测试轻于空气的航空器的极限。其体积达 21 万立方英尺，是格林的"皇家拿骚号"的 3 倍大。纳达尔是一位性情古怪但人脉广泛的巴黎摄影师，早在 19 世纪 50 年代就乘坐气球上过天。他在航空摄影方面进行了多项实验，并因此获得了该领域的第一项专利。他相信未来属于比空气更重的飞行器，但他决定先采用经过检验的方案，以便为进一步的研究筹集资金。其他几位航空企业家也开始制造巨型气球，用于大气层的科学研究，或者系好缆绳，将大量付费乘客送上高空。纳达尔当时的计划是制造一种气球，它可以环游世界，声名远扬，还能让航空旅行成为新闻焦点。他对 19 世纪中期新闻界的运作非常熟悉，因此他意识到，任何结果——无论多么令人毛骨悚然，都会让他出名。他和巴黎文学界许多人是朋友，在自己的工作室里为他们拍摄过肖像。崭露头角的小说家儒勒·凡尔纳在纳达尔的航空协会担任秘书。该协会出版了一本名为《气球驾驶员》（*L'aeronaute*）的杂志，其中充满关于"巨人号"建造和进展的丰富注释和插图。 [60]

在"巨人号"初次飞行获得成功后，几位非常富有的乘客从战神广场出发，开始了向东的长途飞行。不幸的是，这次飞行没有成功："巨人号"搭载 6 名乘客（包括纳达尔和他的妻子）飞行了长达 17 个小时，但它在德国降落时遭遇了可怕的意外，每个人都受了重伤。纳达尔在媒体的热切关注下恢复了健康，他向媒体反复讲述自己的旅程，并在之后起诉执飞的驾驶员，想以此博取更多新闻。不久之后，他发表了一份名为《飞翔的权利》（*The Right to Fly*）的宣言，主张飞行的未来在于空中机车，而不是气球。

　　这种被认为过时的技术——气球技术，与另一种技术——
滑翔机和发动机技术的下一步合作，现在看来似乎有些奇怪，
但不可否认的是，这是一对合乎逻辑且能鼓舞人心的组合。尽
管很少有成功的案例（第 4 章将进行回顾）——固定机翼在 19
世纪发展缓慢，但可以想见的是，乘坐滑翔机飞行将会在日后
的某一时间点成功实现。与此同时，人们对气象学重新产生了
科学方面的兴趣，气球则是进行空中野外工作的唯一选择。世
界上第一个国家航空协会成立于 1852 年，名为法国空气静力学
和气象学会（Société Aérostatique et Metéorologique de France），
这表明人们对气球研究和天气科学同样重视。英国科学促进会
（British Association for the Advancement of Science）决定资助有
关高层大气的气象研究，制造了一个气球，这是英国迄今为止
最大的气球。格林之后最受尊敬的英国飞行员是亨利·考克斯
韦尔（Henry Coxwell），他制造了一个体积达 9.3 万立方英尺的
气球。这只"猛兽"在 1862 年夏天首次飞行。它可以容纳 11
名乘客，但通常只搭载考克斯韦尔自己和被指定的气象学家詹
姆斯·格莱舍（James Glaisher）。在 9 月 5 日从伍尔弗汉普顿
（Wolverhampton）出发的第三次实测升空中，它上升了 3 万英
尺，但考克斯韦尔和格莱舍为此付出了代价——他们差点儿无

[61] 法生还。格莱舍昏倒了，考克斯韦尔发现自己的手麻木得无法
拉动阀门管线，但他还是用牙齿够到了。二人下来之后向媒体
讲述了这个故事，后来故事通过报纸和杂志传遍了全世界，配
合版画表现这戏剧性一刻。令格莱舍懊恼的是，登上头条的是
他们遭遇的危险，而不是气象学。

　　格莱舍对 1866 年英国航空学会的成立起了重要作用，并在
由他操办的第一次会议上拒绝气球表演，他认为这阻碍了实用

03

飘　浮
——

Afloat

1862 年 9 月詹姆斯·格莱舍与亨利·考克斯韦尔一起飞行后不久，创作了这幅表现
"在 3 万英尺高空昏迷"的蚀刻版画；而后他在 1870 年的作品《空中旅行》中再现
了当时的场景

　　气球的发展。但他无法阻止公众对气球在空中探险和壮观场面
的兴趣。1870 年，他与法国飞行员卡米伊·弗拉马里翁（Camille
Flammarion）、威尔弗里德·德·丰维尔（Wilfrid de Fonvielle）
和加斯顿·蒂桑迪尔（Gaston Tissandier）合著了《空中旅行》

（*Travels in the Air*）。加斯顿的兄弟阿尔伯特·蒂桑迪尔是建筑师，也是艺术家，经常在作品中描绘气象现象。他为这本书配套制作了富有吸引力的版画，书很快就再版。

[62]　　从气球到驱动力飞行并不是单向的技术进步。许多发明家都曾尝试过这两种方法。1852 年，法国工程师亨利·吉法德（Herri Giffard）设计了第一艘靠蒸汽驱动的飞艇，飞行了17 英里（在非常平静的天气里）。随后，他利用自己对蒸汽机的研究，制造了动力绞车，用来升降巨大系留气球的绳索。吉法德的气球既被科学界所用，又供公众娱乐使用——没错，系留气球的座舱里有 29 名乘客，混杂着这两类观察者。1868 年，系留气球被搭建在西德纳姆（Sydenham）的水晶宫外，以吸引参观第一届航展的观众。传单上承诺观众可以从 1 000 英尺高的地方俯瞰"整个英格兰 1/10 的国土"。[18]1869 年，系留气球

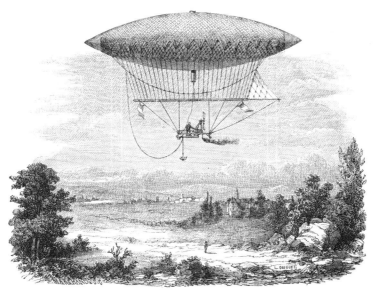

亨利·吉法德的蒸汽飞艇，1852 年

1874 年 6 月 6 日，法国三色旗气球升空。它可能载着法国飞行员朱尔·迪尔诺夫（Jules Duruof）和他的妻子；接下来的一个月，他们打算顶着恶劣的大风天气从加来一路飞行，在北海着陆

的主人为记者提供了一顿免费的空中午餐，以促进对这段经历的报道。系留气球体验确实变得更受欢迎。1878 年在巴黎展出的"吉法德巨型气球"，一次性搭载了 50 名乘客，仅在夏季，就有 3.5 万人乘坐气球上升到 500 英尺的高度。来到空中——体验升空并从高处俯瞰风景，开始被认为是符合公共利益的。

　　气球仍然是一项大众活动，但现在令人叹为观止的表演元素不仅仅在于气球的外观和升力，还在于它给乘客带来的景观和感受。包括沃克斯豪尔和克雷莫恩在内的游乐园开始搭建系留气球，为更多的人提供空中体验。与 19 世纪 70 年代巴黎一

[64]

对页图：吉法德巨型气球——一个可以容纳 50 名乘客的蒸汽系留气球，在巴黎世博会展出，1878 年

03

飘 浮

———

Afloat

个夏天就有成千上万的乘客形成强烈对比的是，1836 年以前，在不列颠群岛总共只有 313 人乘坐气球升空。[19]

由于气球的体积和材料，它们在天空中是醒目的视觉存在，19 世纪后期随着气球周长的增加更是如此。长期以来，人们一直用赞助人的名字、王室人物的典故或爱国色彩装饰气球，并把它们当作一种飘浮的广告，以及对飞行的提醒。气球的象征意义使其分量远远超过了实际影响，尽管它们在 19 世纪的重大地缘政治事件（如美国南北战争或巴黎围城*）中只发挥了很小的作用。由南方佳人的丝绸礼服缝制而成的拼布气囊，是南方联盟反抗的标志物；黄昏时分，一个球状物从被围困的首都悄悄升起，飞过普鲁士军队的刺刀和步枪，这既是巴黎人抵抗的象征，也是"空中邮件"和它所搭载的政客们的通道[20]。

气球代表着获得更实用的飞行方法的希望。旧的飞行工具在其使用寿命完结后，仍被作为有价值的展品送往各地供人参观。"巨人号"已是千疮百孔，它一刻也没有从在德国受到的磨难中完全恢复过来，就在欧洲各地"赶场"，复制数千份的纳达尔宣言和著名流亡作家维克多·雨果表示支持、言辞夸张的《关于飞行的信》也随之遍及欧洲。人们对"巨人号"的热衷促成了儒勒·凡尔纳小说《气球上的五星期》（*Cinq semaines en sallon*，1863 年；英文译本出版于 1870 年）的畅销。这部小说描绘三位勇敢的英国探险家从空中考察非洲的情景，迎合了欧洲人对非洲大陆的普遍看法：看到凡尔纳的气球的人都充满敌意，展现了当时一般认知中非洲农村人的"野蛮"和"无知"，欧洲飞行员由

[65]

---

* 指普法战争中，普鲁士军队于 1870 年 9 月 19 日开始围困法国首都巴黎。——编者注

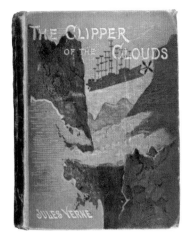

"信天翁号"前来支援：封面和插图摘自儒勒·凡尔纳作品《云中快船》(《征服者罗比尔》英文版)，1887 年

此有了无数次惊险的逃生体验和独占鳌头的航空技术。凡尔纳的《征服者罗比尔》(*Robur le Conquerant*，1886 年)——英译本名为《云中快船》(*Clipper of the Clouds*，出版于 1887 年)，通过"信天翁号"进一步深入推想小说领域。"信天翁"是一架永远飘浮在空中的硬纸板飞行器，螺旋桨上装有炸弹，在空中秘密巡逻。在达荷美，"信天翁号"袭击了一场野蛮的集体祭祀仪式，"文明"与"粗鲁的原住民"之间的隔阂再次被展现得淋漓尽致。

随着 19 世纪下半叶技术的发展，已经有发动机重量轻到[66] 可以用气球把它带到空中。这改变了人们对航空的想象。1860 年，艾蒂安·勒努瓦 (Étienne Lenoir) 发明的燃气发动机激励发明家将注意力转向飞艇，并促成了航空学会的成立。1876 年，德国工程师尼古劳斯·奥托 (Nikolaus Otto) 发明了汽油发动机；10 年后，戈特利布·戴姆勒 (Gottlieb Daimler) 对其进行改装，为汽车提供动力。19 世纪末的航空业与新的汽车文化有很多共同之处,航空俱乐部也迅速效仿汽车俱乐部纷纷成立;富人和勇敢者往往同时加入这两种俱乐部。这一时期最引人注目的成就是1901年巴西人阿尔贝托·桑托斯-杜蒙（Alberto Santos-Dumont）驾驶自己的第六个可操控气球环绕埃菲尔铁塔飞行。桑托斯-杜蒙是一名富有、衣着讲究的飞行员,他的雪茄形状的气球非常特别,早已闻名遐迩。这是他第三次试图赢得由另一名法国航空俱乐部成员设立的巨额奖金。他之前的戏剧性失败为他赢得了巴黎大部分人的同情和关注,在城市街道上,他经常被狂热粉丝亲吻。

桑托斯-杜蒙当时在国际上被誉为第一个实现动力飞行的人,但他的飞行器刚性不足,容易在大风条件下弯折或漏气。从19世纪80年代开始,欧洲发明家一直尝试用廉价的铝来为

上图: 19世纪90年代末,阿尔贝托·桑托斯-杜蒙在他位于巴黎华盛顿后街9号的家的前门降落

对页图: 桑托斯-杜蒙在埃菲尔铁塔上空赢得1901年的多伊奇·牧德奖（Deutsch de la Meurthe prize）

《青年》（*Jugend*）杂志封面上的齐柏林伯爵，1908 年

加长版气球制造刚性框架，当时人们认为这种气球具有最佳的飞行性能。在德国，齐柏林伯爵（Count Zeppelin）于 1900 年制造了自己的第一艘使用铝框架和戴姆勒发动机的飞艇。虽然

对页图：M. 迪皮伊·德·洛梅（M. Dupuy de Lôme）的可操纵航向气球登上了 1872 年 2 月 24 日《图解》（*Graphic*）的头版

03

飘浮
———
Afloat

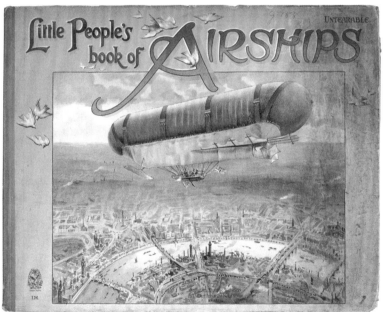

上图：1907 年，乘坐齐柏林飞艇 LZ 3 的乘客

下图：1912 年，英国飞艇"盖世无双号"出现在一本介绍飞艇的儿童读物的封面上

对页图：1910 年 7 月 2 日，《环球》（*Sphere*）宣布：齐柏林飞艇首次提供客运服务，航程从德国腓特烈港到杜塞尔多夫

这个模型没有成功，但齐柏林还是继续坚持制造欧洲最有效的 [69]
飞艇。在英国，气球驾驶员家族后人斯坦利·斯宾塞（Stanley
Spencer）通过向佩卡姆的一家婴儿食品公司预售 25 次飞行来
资助自己的实验性动力气球。这个气球不是刚性的，而是一个
带小型发动机的竹制平底船。经过几次试验，1902 年，斯宾塞
成功地飞越了伦敦，引发下方人群的极大关注。尽管他的飞艇
在可操控性方面遭遇挫折，但他还是能够通过制造气球和向其
他公司销售广告谋生。1909 年，他的一个印有"为妇女投票"
口号的动力气球载着澳大利亚妇女参政权支持者缪里尔·马特
斯（Muriel Matters）在首都上空散发传单。

莱特兄弟在 1903 年完成的驾驶飞机飞行的成就，以及接
下来 10 年许多欧洲人在研究滑翔机和发动机方面取得的进步，
并没有阻止飞艇的发展。后者的浮力和空中寿命被认为在客运
或货运服务方面更有发展潜力。1910 年，对齐柏林伯爵的飞
艇试验一度不感兴趣的德国政府开始支持他的工作，并鼓励
他设立一项客运服务。到 1914 年，德国航空公司（Deutsche
Luftfahrt Actien Gesselschaft）已经在德国各地运送了 1.7 万多 [72]
名乘客。1888 年，英国政府决定建立一所陆军气球学校，以助
力航空业。1902 年，英国政府开始制造飞艇；1907 年，"陆军
1 号飞艇"（Army Dirigible Number One），即"盖世无双号"
（Nulli Secundus），进行了几次试飞。在强风中受损后，飞艇得
到改进，也得到了相当荒诞的新名："盖世无双号二世"（Nulli
Secundus the Second）。1908 年 7 月，它在法恩伯勒试飞，有
数千人观看。这艘飞艇不久后就报废了，它的发动机被用来为
"陆军 1 号飞机"提供动力。

这两架先锋飞艇都是由同一个人——"上校"塞缪尔·富

左图：J. M. 盖茨音乐喜剧《飞艇》的海报，约 1898 年
右图：多莉·谢泼德对路易·梅进行的空中救援，出自 1908 年的《警察预算画报》
(*Illustrated Police Budget*)

兰克林·科迪（Samuel Franklin Cody）驾驶的。科迪对官方航空业的参与，明显体现出政府缺乏研究和发展战略，以及航空业与娱乐业仍然紧密相连。科迪是一位美国歌舞杂耍艺人，在英国各地的巡回演出中完成过几次成功的骑马特技表演。他把业余时间花在和儿子们一起放风筝上，利用自己表演的票房收入进行飞行试验。这一时期最著名的女驾驶员也是一名艺人。多莉·谢泼德（Dolly Shepherd）在姑妈的鸵鸟羽毛专门店上白班，同时有一项大胆的兼职：跳伞艺人。1908 年，她首次对另一位表演者进行空对空营救，获得了广泛的赞赏。

[77]

　　在气球发展的早期，侵略性场景总在节日和文化舞台上演。1909 年，电影发行商查尔斯·厄本（Charles Urban）拍摄了电影《未来的空中战争》(*The Airship Destroyer*)。片中，一

03

飘　浮
____

Afloat

上图：1908 年，戈登·贝内特气球比赛在柏林施马根多夫（Schmargendorf）煤气厂举办

左下图："飞行"是法国小说家阿尔贝·罗比达（Albert Robida）在《二十世纪：电力生活》（Le Vingtième Siècle: La Vie Eléctrique，1892 年）中反复提及的主题，体现了他对未来世界的想象

右下图：F. 赫纳曼－约翰逊（F. Hernaman-Johnson）作品《巨蚁》（The Polyphemes，1906 年）的封面。这部作品想象了人类对乘飞行器入侵的巨型蚂蚁做出的应对

弗兰克·X. 莱恩德克（Frank X. Leyendecke）和 H. 雷乌特达尔（H. Reuterdahl）为鲁德亚德·吉卜林的《夜邮》（*Night Mail*，1909 年）所做的插画

阿尔贝·罗比达的作品《二十世纪：电力生活》（1892 年）中的场景

A. C. 迈克尔绘制的穿过布恩山（Bun hill）的伦敦—布莱顿公路。布恩山是 H. G. 威尔斯小说《空中战争》主人公伯特·史摩威斯（Burt Smallways）的家乡

队轰炸飞艇被由一名年轻人操纵的飞行器所摧毁。1910 年，英国陆军的贝塔飞艇（Beta airship）在伦敦上空进行了一场令人印象深刻的飞行。随后，伦敦大剧院（Coliseum theatre）就安装了一艘 20 英尺长的飞艇模型，它可以滑出舞台，飞到观众上方，扔下纸质玩具，而不是炸弹。1913 年，德鲁里巷剧院（Drury Lane Theatre）放映了电影《间谍惊悚片》（*The Spy Thriller*），讲述了一艘外国飞艇被一艘英国炮艇击落的故事。当然，将飞艇转化为军事用途的潜力支撑了政府的投资，第一次世界大战期间，齐柏林飞艇多次轰炸英国。英国飞艇 R34 是为了报复而研制的，但在战争结束时，它被送往相反的方向——美国。两名英国飞行员驾驶第一架 R34 不间断飞行跨越大洋几个月后，飞艇实现了第一次飞越大西洋的壮举。

到 20 世纪 20 年代，气球终于黯然失色。它继续作为一项特殊的休闲活动，吸引着那些对嘈杂的发动机不那么感兴趣的人。1906 年设立的戈登·贝内特气球比赛鼓励人们进行长途航行。标志性的球状物被更滑稽的黄瓜形状的充气艇所取代。这又是送给讽刺作家的礼物。飞艇类似于生殖器的外观为许多明信片和香烟卡提供了暗示意味，但它作为一种有趣又危险的意象，也深深地进入了大众意识。1910 至 1920 年间，英国上下都报道了幽灵飞艇出现的画面，引发了人们对袭击的恐惧。而且，与飞机不同，飞艇被视为民航的未来。

当时颇有名望的小说家对飞艇的未来毫不费力地进行了设想。鲁德亚德·吉卜林创作了几部连载小说，故事中有一个巨大的空中航线网络，布满有彩色编码的航标，穿梭着由强健的老驾驶员组成的载着邮件的飞艇队伍。1907 年，H. G. 威尔斯开始撰写《空中战争》，其中有很多关于飞艇、旋翼机和气球的描写。这部作品发表在《泼墨杂志》(*Pall Mall Magazine*)上。威尔斯关于动力飞行将导致空战的预言被后来的事件所证实。"我早就告诉过你们,你们这些该死的傻瓜!"这是他在 20 世纪 40 年代中期为自己写的墓志铭。

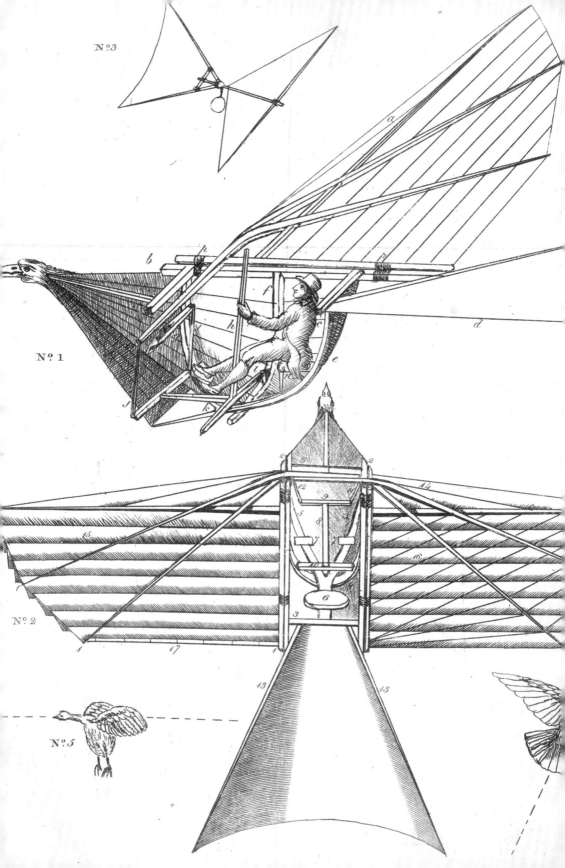

Nº3

Nº1

Nº2

Nº5

与风搏斗

除了乘坐气球，我对航空一点信心也没有。

——开尔文勋爵（*Lord Kelvin*），1896 年 [21]

整个 19 世纪，男性（还是没有女性）都在努力制造一种比气球更适合航行的飞行器。他们失败了。虽然 19 世纪 80 年代研究飞艇的工作已经发展起来，可它们并不可靠。但在这个世纪里，为飞行服务的工作比以往任何时候都更富有成效。许多有才华的发明家研究、模拟和测试飞行机器，于 1900 年前后形成了关于航空研究的国际环境。然而，直到 1896 年，著名物理学家威廉·汤姆森（William Thomson），即开尔文勋爵，似乎还认为，他们的努力不会有任何结果。

那些致力于设计蓝图和进行飞行试验的人与我们目前遇到的大多数航空爱好者都不一样。他们的工作是私人化的，要么自筹资金，要么在取得专利后获得投资。他们不追求奇观，但

对页图：《机械飞行艺术的论述》中的设计，作者是来自赫尔 (Hull) 的肖像画家托马斯·沃克 (Thomas Walker)，灵感来自鸟类飞行，1810 年

蒸汽动力飞艇的设计，摘自乔治·凯利爵士《关于空中航行的实用说明》(1837 年)

肯定受到了飞行作为娱乐现象的影响。英国最杰出的发明家乔治·凯利（George Cayley）10 岁时，就为飞行所震撼，当时孟格菲兄弟和夏尔获得成功的消息传到了约克郡。1799 年，他在课本上勾画出可能需要的飞行机器部件，并在银盘上勾画出固定翼滑翔机的轮廓。他一直在试验飞行装置和研究空气动力学，并于 1809 年急匆匆地发表了有关这一课题的第一篇论文。当时，他听到人们误传的消息：雅各布·德根成功地进行了一次有翼飞行（见第 1 章末尾）。

一群发明家正专注于航空研究，但这并没有阻止更广泛的飞行实验。凯利在 1809 年的论文中提到了一种简单的用软木塞和羽毛制作的螺旋桨，不难看出它作为玩具的吸引力。19 世纪，风筝在欧洲变得非常流行。19 世纪下半叶，结构复杂、能够承重的风筝迅猛发展，为世界各地的发明家研制飞机提供了帮助。同时，作为一种娱乐的风筝在开阔年轻人的视野方面也具有重要的作用。风筝对维多利亚时代儿童的吸引力被文学卫道士大作文章，他们把风筝和任性的孩子相类比。对于放风筝

[80]

的少年来说，飞行最糟糕的结局可能是，他们会在表现出过度骄傲或任性的天性后失去对自我的控制。

正是在凯利的发现的基础上，W. S. 亨森（W. S. Henson）设计出了那个世纪最著名的比空气重的飞行器。亨森的空中蒸汽车（Henson's Aerial Steam Carriage）简称"阿里尔号"（Arial），他从 1843 年 4 月开始广泛宣传它。在欧洲航空协会提出让这架飞行器飞越英吉利海峡 10 年后，航空运输公司正式成立，并开始接受航班预订。事实上，这架飞行器仅以模型的形式制造出来，它的全尺寸原型机从未进行过飞行试验。但是，由于一位公司董事的精明宣传——他委托制作了"阿里尔号"在国际航线上飞行时的迷人风景画，并刊登在画报上，这些画作成了维多利亚时代的标志，并被复制在盘子和丝绸手帕上。按照优良的航空传统，它还连带制造了一个假新闻：《格拉斯哥健步》（*Glasgow Constitutional*）宣布，在飞行器发生爆炸、飞行员掉进水里之前，它已经成功飞越了克莱德河。随后，《泰晤士报》真诚地复述了这个消息。

[82]

"阿里尔号"的大部分组装工作是在位于萨默塞特郡查德市的饰带工厂备用棚里完成的。亨森确实在伦敦的阿德莱德画廊（Adelaide Gallery）的半公共空间、河岸街和贝斯沃特的竞技场剧院等地对模型进行了一些试验，但首次公开完成引擎驱动模型试飞的是他的同事约翰·斯特林费罗（John Stringfellow）。之后，受到打击的亨森对航空学感到绝望，移民去了美国，斯特林费罗则继续用风筝和不那么复杂的滑翔机模型进行实验——这些模型和"阿里尔号"一样，是通过从一根长长的线缆上滑下来起飞的。1848 年，有人请斯特林费罗在克雷莫恩花园搭一个大帐篷，安装线缆和滑翔机以供展览之用。一家美

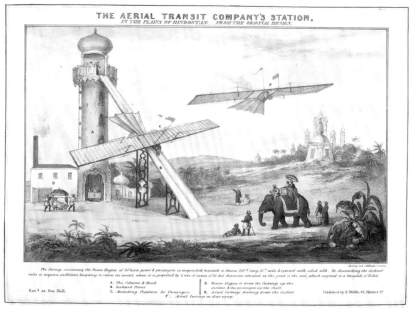

1843 年，在亨森的空中蒸汽车宣传板上，"阿里尔号"出现在泰晤士河和"印度斯坦"一座车站的上方

国报纸报道，这次行动"引起了相当大的关注，其精彩的表演让所有观众都大吃一惊"。[22] 他还为首届航展设计了一架蒸汽动力三翼飞机，这架飞机沿着悬吊在水晶宫正厅的一根钢丝呼啸而下，引起了参观者的轰动，并为他赢得了协会大奖。

"阿里尔号"和它的继承者们在某种程度上激发了人们的想象力，这是迄今为止只有气球才能做到的。当时的民谣表达了人们对亨森的飞机和全球客运服务计划的复杂情绪——混合着嘲笑和野心。一首民谣写道："我明白，这无关紧要，不管风怎么吹 / 它们差不多一天就会把你吹到印度群岛去！"[23] 另一首却这么说：

> 天空正在变亮——
>
> 令人不安的云层正在消散，
>
> 勇敢的亨森在银河中掌舵，
>
> 这让他感到快乐。
>
> 闪烁的星星似乎认为，
>
> 这一景象是一件珍宝，
>
> 而彗星似乎很开心——
>
> 高兴地摇着尾巴！！[24]

"阿里尔号"在这里被称为彗星，因为它也有一个引人注目的扇形尾巴。令人奇怪的巧合是，英国第一架喷气式客机也被命名为"彗星"（Comet）。

[83] 通过暗示而不是证据来说服其他人相信适航性是一个有效的策略。1843 年，W. D. 米勒博士（Dr W. D. Miller）的扑翼机设计也得到了广泛的传播，设计图中画着一个身材匀称、神

04

与风搏斗

———

Wind
Wrestlers

1843 年，W. D. 米勒博士设计的"高空飞行器"扑翼机

情坚定的男性形象，穿着吊袜带，悬在某个高度，身下风景如画。这名"飞行员"被描绘成在格林尼治公园上空飞行。

　　这些漫不经心的飞行员的照片与另一类经常被广泛发表的航空照片——灾难现场，形成了鲜明的对比。人们已经对飞行事故造成的戏剧性坠落产生了一种兴趣，90 年代中后期的工程师也贡献了一些极具戏剧性的时刻。水彩画家罗伯特·科金（Robert Cocking）目睹了伟大的跳伞者安德烈-雅克·加纳兰 1802 年在英国的第一次降落，决定晚年时光都致力于制作更好的模型。在用从伦敦纪念碑上发射的模型进行测试之后，1837年，他说服查尔斯·格林用气球将他带到 5 000 英尺的高度，以试验他的新设计。新降落伞的结构是一个倒立的锥体，没能打开，科金自己也因降落失败，在李镇（Lee）摔死了。之后，

对页图：《警察新闻画报》（*Illustrated Police News*）封面，1884 年 6 月 14 日

SCENE AT THE REAR

FIREMEN SAVING SOME OF THE ANIMALS FROM DEATH

RUSSIAN BEAR

PRIZE FIG

SUICIDE OF A

TERRIBLE BALLOON ACCIDENT

1837 年 7 月 24 日，罗伯特·科金在肯特郡李镇的致命降落

许多照片流传开来，其中一部分是由科金遗孀的赞助人拍摄的，具有讽刺意味的是，照片中可以看到有更多的气球正在升空。1874 年，比利时发明家文森特·德·格鲁夫（Vincent de Groof）被克雷莫恩花园的气球驾驶员约瑟夫·西蒙斯（Joseph Simmons）带上了扑翼机。扑翼机从气球上释放后，机翼马上折了起来，德·格鲁夫一头栽进切尔西大街，不久就死了。在他们死后的画像中，科金和德·格鲁夫都带着呆滞、恐慌的表情，观众无疑为他们愚蠢的举动而瑟瑟发抖，但这也是一种享受。

[86]

死亡的阴影继续笼罩着飞行的努力。19 世纪 90 年代，两名备受尊敬的滑翔机工程师在试飞中丧生，他们分别是德国的奥托·利林塔尔（Otto Lilienthal）和英国的珀西·皮尔彻（Percy Pilcher）。事实证明，造成死亡的并不总是飞行本身，选择从事这项事业就具有高风险性。法国发明家阿尔方斯·佩诺（Alphonse Penaud）发明了最早的可通过橡胶带发射升空的直升机及扑翼机模型。1876 年，他雄心勃勃地设计了一架全尺寸的单翼飞机，也遭到了嘲笑，未能获得资助。此后，他自杀身亡。事实上，佩诺的影响力远远超过了他同时代的许多人。他的设计被制成当时流行的玩具：莱特兄弟还是孩子的时候，父亲就送给过他们一架佩诺式直升机。

公众对动力飞行潜力的普遍看法是令人兴奋的。歌舞杂耍的歌曲常以天文为主题。气球上升到几千英尺是一种相对常见的现象，而在歌曲中，气球把旅行者送入了太空。1896 年的一首歌预言，1903 年将成为空中航行实现的时间：

我们将在地球上空翱翔，我们将成为新领域的王，

1895 年，奥托·利林塔尔驾着他的大双翼飞机（或叫双层滑翔机）飞行，此情景由 R 诺伊豪斯博士描绘

当我们搜索如此古老而美丽的区域时，   [87]

我们将经过所有巨型球体附近的明亮恒星，

看看月亮是否由黄金制成。

我们将飞越更深处，

那是未被人，哪怕是敌人踏足的地方，

我们将乘着柔和的风，去没有暴风雨的地方。

尽管这些只能在云层里看到。[25]

19 世纪 80 年代和 90 年代，在奥克塔夫·查努特（Octave Chanute）和史密森尼学会（Smithsonian Institution）秘书长塞缪尔·皮尔庞特·兰利（Samuel Pierpont Langley）等人联合推动下，世界各地的飞行试验仍在继续。但是，在所有的共享中，也有保密和竞争。莱特兄弟听闻利林塔尔去世的消息后，开始认真地进行飞行试验。1903年，他们第一次从地面上起飞，并持续飞行。但是，1905年，他们用一架机械精良的飞机试飞，吸引了大批观众，由于害怕被模仿，他们停止了飞行，直到获得专利和合同。

莱特兄弟成功的消息在欧洲广为流传，但没有多少人真的相信。法国、英国和德国的发明家继续研制他们自己的飞行器。莱特兄弟多年向政府推荐自己的设计无果，在纽约一位代理人和73岁的英国寡妇简·泰勒夫人（Lady Jane Talor）的帮助下，最终做出让步，决定通过公开演示来证明自己。

1908年夏天，哥哥威尔伯·莱特乘船来到欧洲（英国以外的地方），进行了一系列非常受欢迎的飞行表演。第一次起飞点设在法国勒芒（Le Mans），下面是对莱特后来在法国比利牛斯省波城的一次飞行表演场面的描述：

> 你准备好了吗？
>
> 在这之前，集会的人们一直高声交谈，但现在会场上鸦雀无声，一种几乎是恐惧的停顿。
>
> 我们走吧！
>
> 重物落下，随着螺旋桨的转动，精灵般的机器沿着轨道旋转到尽头。四点十二分，飞机直入云霄，像信天翁一样优雅地上下翻飞，显示出飞行员对机器的每个动作和每个部位的完美指挥。[26]

尽管它仍然要沿着轨道发射才能飞到空中，但这架飞行器还是让观众大吃一惊。威尔伯·莱特所表现出的控制能力超过了任何其他雄心勃勃的飞行员。飞行爱好者们注意到了这一点，飞机的质量在接下来的一年里有了显著的提高。莱特本人也成了法国公众崇拜的对象，诺斯克利夫勋爵（Lord Northcliffe）在《每日邮报》刊登了这位沉默寡言的美国人的个人简介。英国政府仍然不愿做出承诺，并继续秘密地进行自己的研究。最后，1909 年 5 月，政府决定让私营企业进行飞机设计，而不是购买莱特的飞机或赞助他们。一个新兴行业起步了：几家飞机制造公司得以成立；飞机部件有了目录广告；一家由皇家航空俱乐部经营的机场开始运营；两种杂志——《飞行》（Flight）和《航空》（Aero），于春季开始发行。

1909 年是动力飞行第一次成为奇观的一年。由香槟酒庄赞助的法国航空周（French air week）于当年 8 月在兰斯举办，吸引了大批观众，其中包括英国气球驾驶员格特鲁德·培根（Gertrude Bacon）。培根请求飞行员罗杰·索莫（Roger Sommer）带自己飞一程，她因而成为第一位乘坐飞机的英国女性。在参加比赛的 38 架飞机中，没有一架是由英国制造的，不过在英国出生的飞行员亨利·法尔曼（Henri Farman）和英裔法国飞行员休伯特·莱瑟姆（Hubert Latham）赢得了前两名。当飞行员们轮流绕着塔架飞行时，人群热情地呼喊着他们的名字。同年夏天，意大利布雷西亚也举办了一场航展。弗朗茨·卡夫卡和朋友们参加了这次活动，他们渴望看到法国飞行员路易·布莱里奥（Louis Blériot）的飞行表演。卡夫卡描述了在经历长时间等待后，观众看到飞行员起飞时既焦虑又好奇的心情：

对页图：1909 年兰斯航空周的竞赛飞机引来了一位打扮成赫尔墨斯的观众的注意。图片出自航空期刊《环球》（The Sphere），作者乔治·莫罗，1909 年 8 月 28 日

THE SPHERE

 AVIATION
NUMBER

PRICE SIXPENCE.

200.000F. de PRIX
GRANDE
SEMAI
Montaut
D'AVIATION DE
REIMS DU 22 AU 29 AOÛT 1909 CHAMPA

　　　　每个人都虔诚地抬头看着他；所有人的心里都容不下其他
任何人。他飞了一个小圆圈，然后几乎出现在我们的正上方。
当飞机摇晃时，每个人都伸长了脖子，飞机被布莱里奥控制着，
甚至还在不断上升。发生了什么？在我们的上方，有一个人被
囚禁在一个 20 米高的木框里，他在保护自己免受一种看不见的
危险，这种危险是他自愿承担的。但是我们站在下面，好似无
形的存在，只能看着这个人。[27]

[91]　　　　卡夫卡在早期的文章中就讲过，作为一个站在地面的观
众，他认为站在大看台上的意大利贵族看不见他。但布莱里奥
的壮举让所有人——不管是不是贵族——都"不存在了"。对
于卡夫卡来说，飞行员可以无视地球的引力，将自己与地球
表面拉开一段距离，从而实现了最终的异化。这只会让他更吸
引观众。越来越多的人涌向机场，因此从兰斯到航展现场铺设

上图：休伯特·莱瑟姆（左侧飞机飞行员）和克劳德·格雷厄姆 - 怀特（右侧飞机飞
行员）在 1910 年的一次航空大会上的竞争
对页图：在欧内斯特·蒙特绘制的兰斯航空周海报上，飞行员受到一位女性观众的
热烈欢迎

04

与风搏斗
———

Wind
Wrestlers

上图：1910 年 10 月在巴黎大皇宫举行的巴黎航展

下图：莱特飞机在 1910 年的巴黎航展上展出

了一条新铁路，以待大量前去参观的徒步游客，这在一周参加航展的 50 万名观众中占了很大比例。正如瑞士建筑师勒·柯布西耶回忆的那样，铁路公司未能预见到巴黎航展客流量的增加，导致滞留的乘客愤怒地涌向瑞维西火车站。基础设施是必要的，随着足球和赛车等其他观赏性体育项目的普及，人们找到了管理空前庞大的观众流量和扩充容纳能力的方法。这些基础设施将很快在动员和军事运输方面投入不同的用途。

[93] 　　最初，飞行员从这项新技术中赚钱的唯一途径是开办飞行学校。莱特兄弟和布莱里奥分别在法国的波城建立了一所学校。在英国，学校也倾向于集中建在利于起飞和降落的地方。其中一个地点就是伦敦北部的亨顿（Hendon），另一个是萨里郡的布鲁克兰（Brooklands），希尔达·休利特（Hilda Hewlett）女士在那里创办了一所学校。休利特是第一位获得航空执照的英国女性，也是后来的休利特和布隆多飞机制造厂（Hewlett

法国机长卢卡斯 - 吉拉德维尔在一架莱特飞机上。出自《速写》(*The Sketch*)，1909 年

ARTHUR W. Burgess

上图：在伦敦一曼彻斯特的比赛中，最终的获胜者克劳德·格雷厄姆－怀特不得不推迟起飞，因为很多观众聚集着为他送行

下图：摄于路易·布莱里奥和妻子爱丽丝成功飞越英吉利海峡前。出自《环球》封面，1909 年 7 月 31 日

对页图：路易·波扬在伦敦和曼彻斯特的航空比赛中超越一列蒸汽火车。出自《环球》，1910 年 5 月 7 日

& Blondeau Aircraft Factory）的所有者。休利特在航空业务领域的职业生涯非常出色，而这一领域的其他方面都是由男性主导的。到 1914 年，许多法国妇女既当过乘客，又当过飞行员，而在英国，妇女实际上被禁止进入那几所飞行学校。德罗赫达夫人凯瑟琳只是以普通乘客的身份就赢得了"飞行伯爵夫人"称号。

1911 年 10 月，第一次英国飞行会议在布莱克浦和唐卡斯特举行。在布莱克浦，休伯特·莱瑟姆驾驶他的安托瓦内特飞机在大风中飞行。在天气糟糕的唐卡斯特，科迪并没有驾驶他的巨型双翼飞机，而是当着 5 万名观众的面，在镇书记员面前宣誓效忠，这样他就可以作为英国公民加入《每日邮报》发起的一英里环绕飞行奖项的角逐。

《每日邮报》的奖项决定了未来几年英国航空业的格局。报纸的所有者诺斯克利夫勋爵是一位热心的飞行倡导者，他经常指责英国政府对航空的消极态度。他的挑战既制造了新闻，也刺激了创新。挑战奖金固然重要，但参加比赛也为飞行员和飞机制造商带来了声誉，并在适当的时候获得赞助机会。获奖的是法国著名飞行员路易·波扬（Louis Paulhan）和亨利·法尔曼（Henri Farman）。其中一些奖项仅限于英国选手，这些奖项为 A.V. 罗（A.V. Roe）、克劳德·格雷厄姆－怀特（Claude Grahame-White）和约翰·摩尔－布拉巴松（John Moore-Brabazon）带来了事业上的成功，因为他们在飞机设计和飞行方面取得了巨大成就。诺斯克利夫勋爵制定了航空目标并得以实现：A. V. 罗设计了飞得最远的飞机模型，路易·布莱里奥首次成功飞越英吉利海峡，波扬完成了伦敦和曼彻斯特之间的第一次直飞，首次"英国巡回赛"的头名则由安德烈·博蒙特

[96]

（Andre Beaumont）获得。

按照观看航空赛事的老传统，这些比赛的发射环节吸引了成千上万的观众。1911 年的"英国巡回赛"开赛时，有 3 万到 4 万人参加。拔得头筹的是让·科诺（Jean Conneau），他以安德烈·博蒙特的名义飞行，第二年写了一本以观众为主题的回忆录。在 1911 年的巴黎—罗马比赛中，凡尔赛附近出发机场周围的公路和乡间小路上挤满了露营观看比赛的人。博蒙特一到罗马，就被"热情的人群围住，那些人欣喜若狂"：

> 我从座位上被抬起来，抬得和人群肩膀一样高。我成了他们的所有物，既不能说话，也不能保护自己。我翻来覆去地被拖向四面八方，无数只手想要触碰我，我身体感到被撞伤的疼痛，空气中充满了狂野的喊叫声。[28]

博蒙特赢得了"英国巡回赛"的冠军，在以航空为主题的宴会、电影上映发布会和歌舞杂耍演出中受到慷慨的款待。他承认，公费旅行的最后一天比绕场飞行还要艰难：他被带到水晶宫参加另一场宴会，在香豌豆展上被人认出，并被 2 000 名观众团团围住。公共宴会上的观众拥上来碰碰他以求好运；他被偷偷带出王宫，送上了回伦敦的火车。火车每站都停一会儿，这样站台上的人就可以穿过窗户和他握手。

正如 1783 年皮拉特雷·德·罗齐尔在热气球落地时被情绪激动的观众将外衣撕成碎片一样，威尔伯·莱特、安德烈·博蒙特和他们的竞争对手发现，在 1909 至 1911 年，自己成了整个欧洲狂热崇拜的对象。一时间，他们成了驯服风的神明，在他们庞大而脆弱的飞机上实现了不可能的事情。他们的个人性

[97]

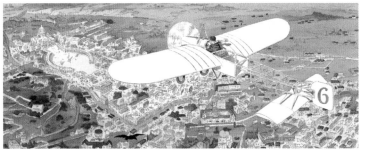

上图: 1910 年 6 月 13 至 18 日, 第一次美国国家航空比赛, 印第安纳波利斯赛车场
下图: 安德烈·博蒙特在 1911 年的巴黎—罗马飞行比赛中获胜

格无关紧要, 无论是像莱特那样沉默寡言, 还是像博蒙特那样
滔滔不绝, 能够操控一架飞机, 并取得航空事业的里程碑式成
就, 已经使他们成了英雄, 这一点在赞助他们的报纸上体现得
最为明显。

这些比赛的影响不仅体现在印刷品上, 也体现在舞台和银
幕上, 更体现在机场的门票收入上。它们的新闻价值使飞行表
演走进了电影院, 在那里许多人第一次在新闻短片中看到飞机
飞行。莱斯特广场的竞技场剧院向 1911 年"英国巡回赛"的
参赛选手播放了当天的飞行影片, 毫无疑问, 在接下来的几
周里, 他们向更多的观众展示了这些影片——至少有 3 万人已
经在布鲁克兰见证了飞行表演的开始。1909 年, 飞行员克劳
德·格雷厄姆-怀特到美国旅行后, 注意到特技飞行有利可

伦敦地铁的亨顿机场海报，1913 年或 1914 年

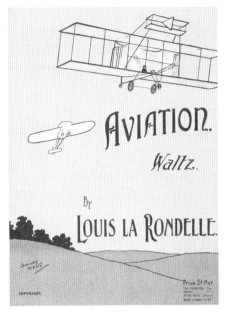

左上图：1910 年，路易·拉·龙德勒创作的《航空华尔兹》

右上图：1910 年前后，纽约，弗雷德·费舍尔创作的《来吧，约瑟芬，到我的飞行器里来（她飞起来了！）》

左下图：1910 年前后，纽约和伦敦，朱利安·爱德华兹创作的《空中女孩》

右下图：1909 年，伦敦，维奥兰·金创作的《飞机圆舞曲》

对页图："'飞机乘客'。未来的大看台"，阿尔弗雷德·利特（Alfred Leete）为《速写》（*The Sketch*）创作，1909 年 10 月 6 日

图，便着手把亨顿机场（Hendon Aerodrome）变成一个颇受欢迎的景点。他的飞行业务和飞机制造厂都设在亨顿机场。他的合伙人是路易·布莱里奥和希拉姆·马克西姆爵士（Sir Hiram Maxim）。那里每周末都会举行集会和特技表演，飞行员在空中表演以爵士乐为灵感的盘旋和转弯。从身处亨顿机场打电话订购伦敦西区表演门票的新鲜感，到受飞行表演启发创作的许多歌曲和舞蹈，都与舞台娱乐有着具体的联系。这些歌曲不受现实的干扰，继续重复着飞行作为逃避现实的手段或浪漫催化剂的简单理念 [例如，《在你的旧双翼飞机里飞》（Up in Your Old Biplane）或《我可爱的小飞行员》（My Little Loving Aeroman），都是 1912 年的作品]。1909 年，哈里·泰特（Harry Tate）表演了一段歌舞幽默短剧，讲述了飞行先驱获奖时的狂热。第一位飞越英吉利海峡的女性是哈里特·昆比（Harriet Quimby），在她的祖国美国，她曾是戏剧评论家和电影剧本作家。1913 年和1914 年，歌舞杂耍艺人在亨顿合作演出，其中一些人自己驾驶着飞机前来表演。

尽管有着精彩的演出以及伦敦西区一系列相关衍生品，但航空业或许未能达到世纪之交时人们的极高期望。飞机不能把人送上月球，飞行器几乎没有搭载过两名以上的乘客，1909 年中期之前飞行器达到的最大高度是 500 英尺。1903 年以前很少有人考虑到航空对人体的影响，慢慢地这种影响也开始显现。航展的观众在花费数小时仰头观看表演之后抱怨"航空脖"的不适。第一次世界大战之前，公众几乎没有机会亲身体验飞机飞行，但确实有迹象表明动力飞行对人身体有影响。从 1906 年开始，到布莱克浦、绍斯波特和新布莱顿一日游的人可以乘坐希拉姆·马克西姆爵士的系留飞行器，这是马克西姆空气动力

照片《从沙漠（即军营）起飞》，摄于奥地利诺伊哈默（Neuhammer），约 1910—1912 年

学研究的一部分。马克西姆的助手说，在原型机旋转的加速度提高到 6G 使他昏厥之前，他经历了一场"巨大的心理斗争"："我在大约 3G 的时候恢复了意识，我们停下来之后，我还能走路。"[29] 1913 年，一名法国飞行员完美地完成了绕圈表演，开创了特技飞行的新热潮，在英国则由 B. C. 哈克（B. C. Hucks）最早表演。同时，埃米尔·奥托·霍普（Emil Otto Hoppe）拍摄的一幅哈克的照片被用来宣传一种新的镇静剂——Phosferine*。此前，霍普曾表示，飞行让"他的神经开始颤抖"。

这段时间，数百名乘客在一些简直令人难以置信的飞机驾驶舱里留影。穿梭于为肖像摄影提供道具和背景的工作室之间

[102]

---

* Phosferine 是 20 世纪初流行的一种"奎宁水"（tonic water，也称"汤力水"），据称可治愈各种疾病，包括抑郁症、风湿、消化不良等。其成分包括水、酒精、奎宁、磷酸和硫酸。——译者注

的画家，并不在意效果是否逼真。那些挤在两翼之上的顾客显然也不在意——夫妇、家族、成群结队的年轻伙伴，专心地盯着相机，他们佩戴的爱德华时代头饰在侧风中纹丝不动。飞机只是一系列新奇交通工具中的一种选择，但被拍摄对象通过将自己与这项新技术联系起来，就以一种理念、一种实践和一种追求的方式参与了飞行。这些照片和当时大量出现在报纸上的飞行员在自己易碎的机器里准备升空的照片一样有意义。

上图：和飞机同在的照相馆照片

第 112~113 页：露丝 · 卡文迪什 – 本廷克（Ruth Cavendish-Bentinck）和赫米奥娜 · 拉姆斯登（Hermione Ramsden，本书作者的曾祖母）在照相馆拍的照片，约 1912 年

AERIAL WARFARE

By R. P. HEARNE

With An Introduction by
SIR HIRAM S. MAXIM

空中浩劫

[107]　　　文明将被毁灭，我们所有的方法都将被颠覆。铁器时代将会结束，地震将会开始……人类将学会如何控制和应对"未来的噩梦"，届时，巴黎、柏林或伦敦将有可能在早餐前变成一座座冒烟的废墟。

　　　　　　　　　　　　——《南威尔士回声报》(South Wales Echo)，
　　　　　　　　　　　　　　　　　　　　　1909 年 5 月 22 日 [30]

　　19 世纪末，随着发明家越来越接近动力飞行，作家开始思考航空对未来的影响。从 19 世纪 80 年代开始，英国的乔治·格里菲斯（George Griffith）、哈利·科林伍德（Harry Collingwood）、E. 道格拉斯·福塞特（E. Douglas Fawcett）和 H. G. 威尔斯，法国的儒勒·凡尔纳和埃米尔·德里安（Emile Driant），以及德国的鲁道夫·马丁（Rudolf Martin），提出了许多设想，其中一种设想是一个人对空中力量的贡献或一个国家空中力量的发展，可能会改变国际政治平衡，甚至产生毁灭性影响。这与对人类航空的未来更轻松的想象并不互相抵触：乔治·格里菲斯于 1893 年出版了浮夸的《革命天使》(Angel of the Revolution)，以全面战争和成功实施的空中恐怖主义为特色；

对页图：R. P. 赫恩（R. P. Hearne）作品《空战》(Aerial Warfare) 封面，1909 年

左上图：乔治·格里菲斯作品《太空蜜月》封面，1901 年

右上图：F. T. 简斯（F. T. Janes）为乔治·格里菲斯作品《革命天使》创作的插图，1893
年。插图描绘了世界大战爆发时，国际恐怖袭击同盟军利用空中力量袭击伦敦的场景，
同盟军由俄国、法国和意大利军队组成

下图：也是 F. T. 简斯为《革命天使》创作的插图。同盟军的"伊斯瑞尔˙号"（Ithuriel）
飞艇将美国人民从他们腐败的政府手中解救出来

后来又写了《太空蜜月》（*A Honeymoon in Space*，1901 年），内容是一位美国女英雄被她的英国贵族丈夫从地球上带走，遇到了埃德加·爱伦·坡和理查德·亚当斯·洛克曾经想象过的那种奇迹。

但是，随着新的地缘政治格局的出现，飞艇和飞机的军事潜力引发了公众的想象。1909 年，据称出现了一场"空中地震"，但消息不是由 H. G. 威尔斯或乔治·格里菲斯宣布，而是由英国一家地区性报纸的编辑广而告之。飞行器不仅在航展和比赛的周边地区被观众看到，而且被沿海城镇的许多居民发现，他们报告说看到了来自德国方向的大型充气飞艇。1909 年的幽灵飞艇恐慌在德国引起了一些人的兴趣。虽然没有计划或者执行这样的突袭，但齐柏林飞艇确实构成了一个国家实力的象征，补充了国家新整合的海军实力，这也是英国人感到不安的另一个原因。

[109]

就像英国海军联盟（British Naval League）于 19 世纪 90 年代成立，是对威廉二世（Kaiser Wilhelm）超越英国海上力量的野心的回应，1909 年 1 月，大英帝国空中联盟（Air League of the British Empire）成立。空中联盟由政治、军事和工业人士组成，蒙塔古勋爵（Lord Montagu of Beaulieu）担任主席。该联盟鼓动政府加大对空中力量的投入，并着手让英国变得更有"空中意识"。人们组织了筹资活动，编写了宣传资料，还委托制作了一首歌，歌曲透露出促成联盟成立的恐惧：

05

空中浩劫

———

Air
Quake

> 当木墙和拉紧的风帆让英国国旗高高飘扬在远方时，
>
> 这个国家便会在和平时期繁荣昌盛，在战争中无所畏惧。
>
> 因为不列颠的力量无处不在，它统治着无边无际的大海，

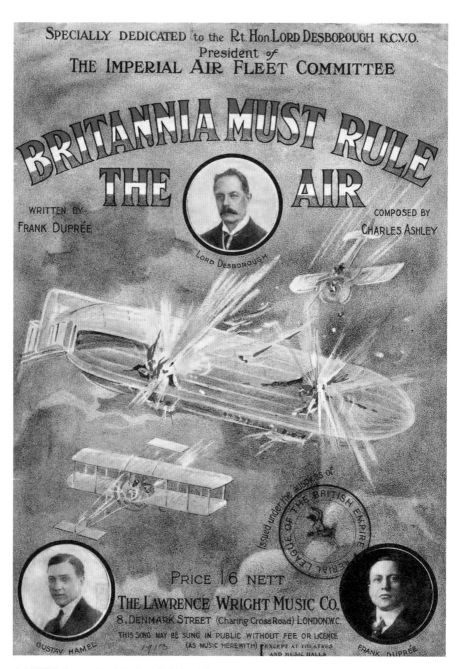

空中联盟歌曲——《不列颠尼亚必将统治天空》，1913 年

向全世界宣告"我们永远不会成为奴隶"。

当铁甲取代了迎风行驶的船只，
不列颠尼亚仍然在海图上坐稳她的宝座。
因为严整的舰队和巨炮的比例是二比一，
在主权的阳光下超过了所有其他国家的海军。

现在，每一片云里都潜伏着一只猛禽，
它们威胁着我们今天在和平与战争中的霸权地位。
不列颠尼亚必须勇敢地面对这种危险，
让我们的帝国在面对这些可怕的空中战舰时保持神圣。

（合唱）不列颠尼亚必将像她统治海洋一样统治天空。
保卫这个无与伦比的王国，让她的人民自由。
不列颠尼亚……不列颠尼亚一定像鹰一样。[31]

另一种不那么令人恐惧的方法来自格雷厄姆 - 怀特。1912年，他在一架水上飞机上写下"英格兰，醒醒吧"（Wake Up, England）的口号，并飞越了南海岸的 121 个城镇。同年 6 月，他为亚历山德拉日在伦敦上空撒下玫瑰花瓣。他为亨顿机场做广告，吸引伦敦人到伦敦北部观看并偶尔参与飞行。爱国情怀、私人利益和商业利益融合在他对场地的规划中，从伦敦西区的艺人到英国议会防空委员会成员，都是格雷厄姆 - 怀特的合作伙伴，无所不包。他认为，通过娱乐，而不是教育，航空的重要性将有效地传播给公众。他的航展旨在向人们展示飞机能够做什么，从而教会他们忽视其作为空中武器的危险性，培

[111]

1911 年 5 月 10 日《名利场》(*Vanity Fair*) 增刊中描绘的克劳德·格雷厄姆 – 怀特

养大众的兴趣；这种兴趣"不是善变或短暂的，而是健全和持久的"。[32] 为了达到这个目的，在一次夜间竞赛中，在轰炸建在机场中心的模拟战舰之前，观众先被表演空中缠斗的灯光飞机所震撼。格雷厄姆 – 怀特可能没有意识到，他重现了 18 世纪 90 年代巴黎的一幕，当时气球在战神广场上轰炸了一艘英国军舰的模型，以满足人们狂热的民族主义愿望。

《每日邮报》的第一位航空记者哈里·哈珀（Harry Harper）在早期动力飞行史上一直拥有发言权，格雷厄姆 – 怀特与他合作为男孩们写过书，比如 1913 年的《与飞行员同行》（*With the Airmen*），以及 1916 年写于战争期间的《飞行团的英雄》（*Heroes of the Flying Corps*）。他们正在开发一个富有潜力的

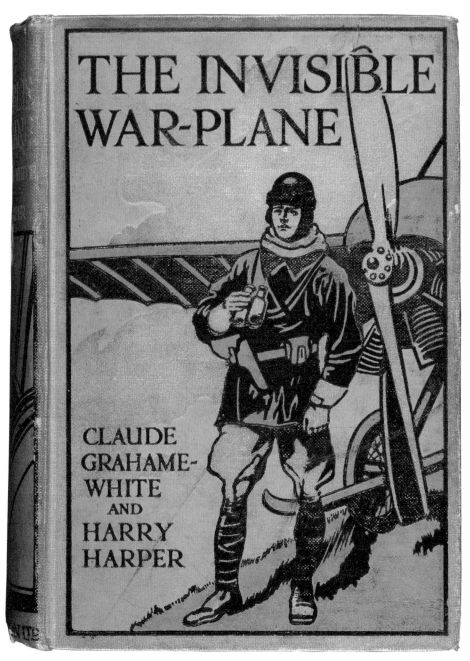

克劳德·格雷厄姆－怀特和哈里·哈珀合著作品《隐形战机》（*The Invisible War-Plane*），1915 年

上图左：克劳德·格雷厄姆－怀特和哈里·哈珀合著作品《与飞行员同行》，1913 年
上图右：克劳德·格雷厄姆－怀特和哈里·哈珀合著作品《飞行团的英雄》，1916 年

市场。《少年》（*Juveniles*）是 19 世纪 90 年代中期针对年轻男孩的刊物，空中故事在其中占了很大比重。几位杰出的飞行员——格雷厄姆－怀特本人、阿尔贝托·桑托斯－杜蒙和杰弗里·德·哈维兰，宣称他们对航空的兴趣是由儿时阅读过的凡尔纳作品激发出来的。H. G. 威尔斯也是一个有影响力的人物。新一代欧洲人的成长过程中充满了对飞行的想象，他们意识到飞行的阴暗面，并准备像其祖先为国王和帝国而奋斗那样，"征服天空"。 [113]

　　尽管公众广泛关注，但英国政府不愿投资航空。1912 年，英国战争部被迫成立了皇家飞行队（RFC），1914 年成立了皇家海军航空局（RNAS）。但直到战争爆发后数年，军事航空建设的进程都很缓慢。1914 年 8 月，皇家飞行队向法国运送了 63 架简陋的飞机，以支援英国远征军。1914 年底，随着地理层面上僵局的到来，皇家飞行队的作用变得至关重要，因为它可以

俯瞰敌人的战线，以便指挥炮击和辨别部队的动向。但飞行员
和新设的"观察员"对法国北部地形并不熟悉，很难进行有效
的侦察。当年秋天，盟军对德国齐柏林飞艇基地发动了第一次
空袭。从 1915 年春天起，齐柏林飞艇对英国展开报复性反击，
让人想到几年前的飞艇恐慌。

[114]　　德国公众对齐柏林飞艇的自豪感与战前英国人的紧张情
绪形成鲜明对比。齐柏林飞艇从 1908 年起就受到德国政府
的欢迎，但鉴于齐柏林伯爵蔑视权威和官僚作风，飞艇也被
视为人民主权的象征。1908 年，其中一艘飞艇在埃希特丁根
（Echterdingen）爆炸，随后由公众捐款资助重建。齐柏林飞
艇的纪念品到处都是，从微型模型到明信片，而一款棋盘游戏
将齐柏林飞艇带到世界各地，似乎在召唤着它去统治世界。第
一次世界大战后，英国艺术家所罗门·J. 所罗门（Solomon J.
Solomon）认为，德国的伪装行动欺骗了盟军的侦察员。他认
为，齐柏林飞艇的乘客服务是有意让平民熟悉陌生的地面鸟瞰

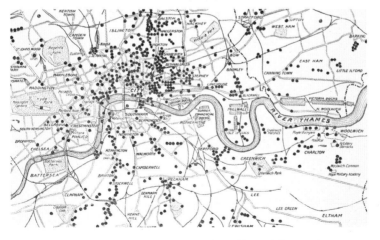

齐柏林飞艇及其在伦敦空投炸弹点位的详细示意图，《每日邮报》，1919 年 1 月 31 日

上图：1931 年齐柏林飞艇在埃及飞行时的照片

下图：印有德国"汉莎号"（Hansa）飞艇抵达波茨坦港场景的明信片

对页图：附近的人们正在检查齐柏林飞艇投下的炸弹的部件。H. D. 格德伍德（H. D. Girdwood）拍摄，1915 年

The **Highway** of the **Air**

An Illustrated Record of Aviation

SUPPORTING PLANE

32 H.P. ANZANI MOTOR
PROPELLER

VERTICAL RUDDER

AIR CHAMBER

TELESCOPIC JOINT

AVIATOR'S SEAT

ELEVATING PLANE

WHEELS SUPPORTING MONOPLANE ON GROUND

SUPPORTING PLANE

M. BLÉRIOT'S FRENCH MONOPLANE
on which he performed the first
CALAIS-DOVER FLIGHT, 25th JULY, 1909

Including a Dissectible Model of the

ZEPPELIN AIRSHIP

FUNK & WAGNALLS COMPANY
August 1909

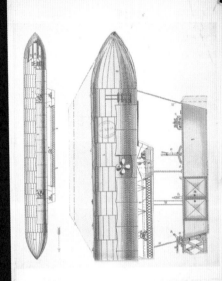

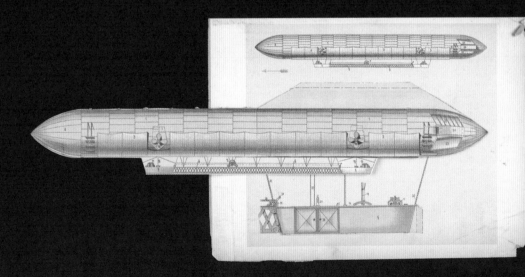

上图：1914 至 1918 年，英国的征兵海报。海报中说"面对枪林弹雨好过待在家中被炸弹炸死"。在第一次世界大战中，与前线的地面作战相比，空中轰炸造成的伤亡人数很少。这证明，事实上，"待在家中"比上前线"面对枪林弹雨"要安全得多

下图：1916 年在埃塞克斯被击落的 L32 飞艇。C. H. 格德伍德（C. H. Girdwood）拍摄

对页图：齐柏林飞艇结构拉页，收录于《空中高速路：图解飞行器档案》（The Highway of the Air: An Illustrated Record of Aviation），1909 年 8 月

图，以便训练出更好的伪装者。

战争爆发时，人们对齐柏林飞艇寄予了很大的信心，当 1915 年 9 月在伦敦发生第一次夜间袭击的消息传出时，德国各地都在庆祝。事实上，这些军事打击最初几乎没有造成什么损害，但对英国首都的人产生了严重的心理影响。1916 和 1917 年，飞艇配合着哥达轰炸机一起，造成数百人死亡和受伤。针对这类攻击的防御措施包括"砰砰"高射炮，这种高射炮很难操作，而且往往射程不足，还需要在首都和其他城市和港口周围安装乙炔探照灯。1916 年 9 月，燃烧弹的发展使得击落齐柏林飞艇成为可能。一场偶然的胜利，给东南部城市处在空袭焦虑中的人们带来欣喜若狂的感觉。9 月 25 日，当德国的 L32 飞艇在埃塞克斯的比勒里基被击毁时，《泰晤士报》记者称"从未见过像这样举国欢庆的节日"。[33] 数千人涌向现场，挤满火车，在乡间小路上弃车而去，观看"一大堆扭曲的金属、大梁和机器部件……就像一具巨大的史前爬行动物的骨架，被火侵蚀的铝制大梁，就像它泛白的枯骨"。[34] 数百名当地居民在土豆地里捡拾纪念品残片出售。一周后，这一场景又在 L31 飞艇上重演，成千上万的伦敦人加入其中。同一名记者经过黑衣修士桥往家走时看到：

[119]

> 在新桥街和法灵顿路无云的地方抬头，我看见天空中有密集的探照灯的光亮，中心是红光，很快就扩散成一艘燃烧着的飞艇的轮廓。接着探照灯被关掉，齐柏林飞艇垂直地悬浮在漆黑的天空中，一座巨大的火焰金字塔，红色和橙色相间，就像一颗被毁的星星慢慢地坠落到地球上。它的光芒照亮了街道，甚至给泰晤士河的水面也染上了一层红晕。

　　场面持续了两三分钟。如此可怕又迷人，我魂飞天外——
几乎被激情所窒息，只待歇斯底里地笑或哭。当那艘命中注定
要失败的飞艇终于从人们的视线中消失时，响起了混杂着咒骂、
胜利和欢乐的喊叫。一声声越来越大的呼喊似乎从这个大都市
的各个角落都响起来，而且越来越强烈。[35]

　　这艘飞艇在赫特福德郡坠落时，当地居民唱起了英国国
歌。在接下来的几天里，L31 的残骸产生了与在埃塞克斯被摧
毁的 L32 类似的吸引力。

[120]

　　回到西部战线，1915 年出现了更有效率的侦察机和配备枪
支的飞机。随着新型飞机的推出，德国在侦察和空中攻击方面
的优势在一年之内逐渐减弱，天平倾向盟军一方。到 1916 年
中期，德国、法国和英国的几名飞行员在英勇的空战中名声大
噪。报纸抓住了他们的功绩，从一种人性化角度，与战壕步兵
团的缓慢发展和可怕的战斗伤亡人数做鲜明对比，于是王牌飞
行员（Ace）诞生了。美国的参战使更多的人进入名册。几乎
所有在战斗中牺牲的飞行员都被誉为民族英雄，他们的照片和
采访被广泛传播。1917 年，大卫·劳合·乔治（David Lloyd
George）以飞行员的英雄事迹为主题，在英国下议院发表演
讲："天空是他们的战场；他们是云的骑兵……他们日夜的斗
争，就像弥尔顿式光明与黑暗之翼之间的冲突。"[36] 与此同时，
在意大利，作家加布里埃尔·达努齐奥（Gabriele D'Annunzio）
组织并领导了用弹药和宣传单轰炸奥地利城市的任务，他也写
了类似夸张的文章，讲述同胞对航空的热爱。

　　在战争期间和战后不久，报纸刊登了大量有关王牌飞行员
的新闻专栏和回忆录。后来，许多英国飞行员作证——当然是

05

空中浩劫

——

Air
Quake

"沙霍夫斯卡娅公主，第一位女飞行员"。在德国学会飞行技术后，这位贵族女性被
俄国飞行兵团接收为空军侦察员。出自《速写》，1914 年 12 月 9 日

悄悄地，战时飞行是一种令人恐惧和困惑的经历。航空作家和
试飞员诺曼·麦克米伦（Norman Macmillan）曾是英国皇家飞
行队中尉，他记得：

[121] 　　我们对不得不与之战斗的敌人时刻保持警惕。我们必须看前面，看上面，看周围，看后面，看下面。我们必须发展一种全新的视觉，敌人可能在任何地方。地面上的敌人就在前方，但是在空中，他可能在任何地方。我们必须生活在一个球体内，而不是生活在平地上。[37]

　　就连威廉·约翰斯（William Johns）也承认，这次空中行动远没有当时书面报告中描述得那么激动人心和迷人。约翰斯后来创造了 20 世纪最具影响力的虚构飞行员形象——比格尔斯。作为对劳合·乔治激动言辞的回应，我们可以看看 W. B. 叶芝 1919 年的诗——《爱尔兰飞行员预见死亡》（ *An Irish Airman Foresees His Death* ）。叶芝笔下的飞行员不是为爱国主义或荣誉所驱使：

> 我不是因为法律，也不是因为义务去战斗，
> 不是因为公众人物或群众的呼声，
> 而是一种孤独又喜悦的冲动，
> 驱使我投入这云团中的骚动。

[122] 　　对驾驶舱以外的强大力量漠不关心，对自己的生活漠不关心，甚至感到无聊，这些都促使飞行员投身于空战。这种性格要素——冷静的思虑，疏远社会关系——将继续构成人们对两次世界大战期间飞行员的刻板印象。

　　除了在空战中"牵制"敌方飞行员外，武装飞机还被用来攻击地面部队，飞行员或观察员使用机关枪"扫射"地面。因此，就像齐柏林飞艇一样，这样的飞机对人们产生的心理影响

LA NATION GLORIEUSE 1914-1915
Nos valeureux Aviateurs combattant dans les airs

上图：1934 年，詹姆斯·伊拉·托马斯·琼斯（James Ira Thomas Jones）的《空中战斗机之王》（*King of Air Fighters*）中的一组德国王牌飞行员照片，左上角是设计师麦恩·海尔·福克（Myn Heir Fokker）

下图：印有"空战中我们英勇的飞行员"字样的法国明信片，约 1915 年

对页图：出自杂志《傻大哥》（*Simplicissimus*）——从德军战壕里抬头看，1914 年 12 月 22 日

超过它的实际火力也就不足为奇了。1916 年，皇家飞行队指挥官特伦查德抱怨道：

> 仅仅是在空中出现一个敌军的飞行器，就会让地面上的人对这架飞机能做什么产生夸张的预感。例如，在某一段时间，在前线的一个地方，每当有敌机或被认为是敌机的飞机出现，警笛就会响起，人们马上躲进战壕里。[38]

然而，恐怖并不是飞机穿越这条航线的唯一感受——希望、钦佩和从可怕的壕沟泥沼中向上逃离的幻想，也被一架飞机出现、缠斗的场面和目睹敌人被击落的期望所激发出来。

[125] 战争使天空成了竞技场。人们第一次养成了向上看、向上听的习惯，不管是对敌人还是对友军的飞机。人们认识到空中攻击的新现实，并制定了严格的管制规则。一位澳大利亚将军在退役后说："对齐柏林飞艇的恐慌就好像整个地方的人都要面对即将来临的地震的恐惧一样：晚上，整个伦敦都处于绝对黑暗之中，每扇窗户都被严加遮蔽，没有路灯，没有车灯，所有的火车都是关着窗户和百叶窗的。街道上不断发生交通事故和交通堵塞，混乱不堪。"[39] 高射炮向天空射击燃起的火光与黑暗形成鲜明的对比，其视觉冲击力被艺术家和摄影师用明信片的形式记录下来。在港口和工厂等可能被攻击的目标上空，拦截气球占据了空域。拦截气球是一种轻型气球，上面绑着锋利的钢索，如果飞机飞得太近，这些钢索可以切断机翼。

所有这些因素都起到了吸引人们向空中观望的作用，这种

对页图："空中缠斗——空中骑士！"，选自《现代男孩》（*The Modern Boy*）封面，1932 年 1 月 9 日

1931年出版的《现代男孩的飞机书》(*The Modern Boy's Book of Aircraft*) 中的插图：
飞行员在夜间训练中学习躲避探照灯

新的关注在战后依然存在。弗吉尼亚·伍尔夫在 1925 年出版的小说《达洛维夫人》（*Mrs Dalloway*）中选择了一架飞机，它首次亮相时产生的噪音就"不祥地钻进人们的耳朵"，以此将立场不同的伦敦人的注意力集中起来，并准确地唤起战后人们对飞行既恐惧又兴奋的反应。

MOTHS · IN PUBLIC SERVICE

THE
Royal Air Force.

JOHNS

兜
风
的
乐
趣

[127] *世界和平。*

没有什么可以破坏的了。

航空业就赋闲了。

——勒·柯布西耶,《飞机》, 1935 年 [40]

　　在欧洲, 20 世纪的头十年里, 动力飞行从一项运动变成了
一项战争产业。英国最初的飞机生产和人员培训过程非常缓慢
和不成系统, 但到 1918 年战争结束时已达到稳定和有效的水
平。英国皇家空军(Royal Air Force, 简称 RAF)由皇家飞行
队和皇家海军航空队于 1918 年 3 月组成, 是当时世界上最大
的空军联盟, 拥有超过 2.2 万架飞机、103 艘飞艇和近 700 个机
场。那时已有相当多的人在航空业工作: 成千上万的飞行员接
受过培训, 超过 20 万人接受过机械师、地勤人员和航空摄影
人员职位的培训, 大约 34.7 万英国人(其中超过 1/3 是女性)
在飞机制造业工作。但在和平时期, 如此规模的航空业是难以
维持的。飞行员退役, 工厂关闭, 工人——特别是妇女——被

对页图: 公共服务中的德·哈维兰"蛾"式飞机, 选自《空中航线》杂志封面,
1928 年 5 月

解雇。格雷厄姆 - 怀特在亨顿的住所被保留下来，用作政府的空军基地。英国皇家空军难以证明其继续存在的合理性，却在巴勒斯坦和伊拉克等英国新的托管地的空中警戒方面找到了存在价值。英国空军大臣温斯顿·丘吉尔（Winston Churchill）决定，民用航空"必须自行飞行；我们的政府不可能托举着它飞上天空"。[41]

　　从某种程度上说，政府停止对这一行业的支持让事情回到了战前的状态。航空再一次变为富人或那些能从制造商那里获得赞助的人的领地。同时，人们也重新开始思考如何应对《每日邮报》的挑战，比如，1913 年，诺斯克利夫给不间断穿越大西洋挑战（Non-stop Atlantic Crossing）提供了 1 万英镑的奖励。但有些事情已经发生改变。政府过剩的飞机库存被拍卖，它们已经比战前的型号可靠多了；在亨顿，每架飞机卖 5 英镑，比机械师给出的适航证书的价格还便宜一半。人们也可以买到很好的航空相机。对于有事业心的前英国皇家空军工作人员来说，他们可以用一些资金购买几台机器和配件来探索民用飞行的可能性，这变成了一件很简单的事情。[42] [128]

　　公众对飞行的态度也发生了变化。很明显，在飞行中死亡是很容易发生的，尽管对王牌飞行员的崇拜具有鼓舞士气的作用，但它并不能否定天空依旧是一个危险的竞技场。在全英国几乎都经历了可怕的空袭之后，人们听到飞机的声音，看到头顶上的飞艇，都会感到惊慌失措。航空业受到了战争的污染，那些试图从和平时期的飞行中获益的人付出了一些努力，才使航空业恢复元气。

　　停战后不到 7 个月，约翰·阿尔科克（John Alcock）机长和亚瑟·布朗（Arthur Braun）驾驶一架改装的维克斯"维

左图：《每日镜报》（*The Daily Mirror*）头版关于约翰·阿尔科克和亚瑟·布朗飞越大西洋的报道，1919 年 6 月 14 日
右图："乘坐'蛾'式飞机飞行 8 000 英里"——一张来自《空中航线》杂志的 R.R. 本特利机长从伦敦飞往开普敦的航线图，1928 年

米"轰炸机飞越了大西洋。这架轰炸机没有弹药，却能携带足够的汽油飞行一段距离。随后，在殖民地政府的资助下，大英帝国举行了一系列长途飞行比赛，围绕飞行员做了一次成功的宣传，他们都驾驶着改装过的轰炸机。这些人和他们的飞行器不再为死亡服务，而是将英国与其新领地连接起来。人们对旅行中的奇闻逸事有极大的兴趣。在优秀的宣传员、澳大利亚摄影师弗兰克·赫尔利（Frank Hurley）机长和美国记者洛威尔·托马斯（Lowell Thomas）的帮助下，与哥哥一起赢得伦敦—澳大利亚比赛冠军的罗斯·史密斯（Ross Smith）机长在悉尼和伦敦的一个多媒体旅行节目中畅谈他对那次飞行的回忆。在史密斯死于一场空难之后，他对这次旅行的记述终于在

[129]

20 世纪 20 年代著名的罗斯·史密斯爵士飞机竞赛桌游。

1922 年出版。他在澳大利亚演出的宣传片段让人感受到他对观众的一种吸引力：

> 你会看到地球的一半在你脚下旋转 —— 城市、乡镇、河流、山峰 —— 所有这些对你来说都是陌生的，但它们离你如此之近，让你想伸手去触摸它们。当"维米"在冒着热气的沙漠上空艰难地穿行时，你几乎会感觉到那种难以忍受的高温 —— 你会颤抖，就像那些"曾经做过这件事的人"一样，就像你被困在近东滂沱的暴雨中一样 —— 当这架巨型飞机在航线上的广阔领空上飞驰、俯冲和盘旋，你会咬紧牙关，系紧安全带。你也会感受到骄傲的激动，当飞行员在孕育他们的澳大利亚胜利登陆时，那种自豪感一定是属于他们的。

[130]

观众可以体验到飞行时身体的感觉，有机会感受到飞行员在飞行时的感受。这种极限感与更普遍的爱国主义主题联系在一起，伴随着并非由敌人的炮火而是天气造成的不利条件。一种强烈的感觉再一次升腾：天空是需要人类征服的领域。

和平时期航空业的支持者把注意力集中在航空之于英国与其分布不均的领土或领地之间的通信作用上。除了连接帝国之外，航空还以航空摄影的形式为帝国提供了一面镜子。这些在战时侦察中积累起来的技能也被同一批来自前英国皇家空军的飞行员和摄影专家所使用。航空电影公司（Aerofilms）成立于1919 年，从空中拍摄著名的英国城市和景点，并将照片卖给报纸、明信片印刷商、百科全书和这些景点的所有者。直到 20 世纪 70 年代，航空电影公司销售代理商依然在上门推销，向房主提供从空中俯瞰他家的照片。非洲和远东也成立了这样的公司，代表各国政府和勘探者进行摄影测绘，以及边境、林业和地理调查。这些公司定期在画报上刊登照片，让读者参与海外领地的管理，例如邀请他们仔细查看沙捞越丛林的照片地图，寻找非法种植园的迹象。

飞行的机会越来越多。许多前英国皇家空军飞行员设立了乘客飞行业务。杰克·萨维奇 (Jack Savage) 少校在一架多余的 S. E. 5 双翼飞机上配备了充油排气管，并开始为公司提供将他们的产品名称放在天空中做广告的机会。虽然有几家公司专注于交通运输，但大多数公司从事的是被称为"兜风"的短程新奇飞行业务，这或许是受到美国"巡回演出"启发的特技飞行表演。20 世纪 20 年代初，数万名乘客支付了 5 先令至 1 英镑（按今天的币值，相当于 14 英镑至 47 英镑）的费用，乘坐当地公司的短途航班环游不列颠群岛。值得注意的是，没有任何

上图：1921 年 11 月 10 日，"无畏的弗雷迪" ——一位好莱坞特技演员，即将从飞机上降落到一辆汽车上

下图：在伦敦上空绕圈的阿芙罗双翼飞机。出自《环球》，1919 年 6 月 14 日

查尔斯·G. 迪克森（Charles G. Dickson）为帝国航空开罗—巴格达—卡拉奇航线所做的彩色石版画广告，1924 年。以阿姆斯特朗·惠特沃斯·阿戈西公司（Armstrong Whitworth Argosy）的客机作为衬托，金字塔与巴格达和喜马拉雅山形成了视觉上的呼应

人员死亡（尽管在飞行表演中经常有人死亡）。艾伦·科巴姆 [133]
（Alan Cobham）曾是皇家飞行队的飞行员，他经营着其中一家
公司，并在 20 世纪 30 年代继续主导"兜风"业务的市场。科
巴姆宣称，通过培养英国大众良好的航空意识，他和同事们为
英国做出了巨大的贡献：

> 下一代人将从飞行的角度思考，并将飞行作为一种日常的
> 进步手段。对于那些至今仍怀着敬畏之情、视之为危险的冒险、
> 不肯改变信仰的上一代可怜的人，我们航空业者只能等待他们
> 的末日。希望在此期间，即便他们不肯帮助我们，也请他们不
> 要阻碍我们。[43]

当然，通过将飞行变为许多人触手可及的普通事，飞行员让
飞行变得不那么可怕。一张宣传普赛克马戏团（Psyche's Circus）
的纪念明信片——"H. 希克斯（H. Sykes）先生的冒险之旅"，
展示了一张西森斯夫人（Mrs Sissons）戴着帽子和护目镜的照
片，她的脸上洋溢着快乐的表情，配着一首小曲：

> 掠过地面，然后向上飞起来！
> "普赛克"在欢快的风翼上，
> 有些人害怕，但为什么呢，
> 当西森斯夫人一百零一岁的时候，
> 她是多么快乐地飞啊飞，
> 飞啊飞，一心只想着好玩的事，
> 追求空中之王的快乐！
> 所以，现在就抓住这个机会，做一只鸟吧！

现在就为说"我敢"的荣誉而预订吧。[44]

"兜风"业务扩张的同时，公司提供的点对点航班数量从
1919 年开始出现增长。伦敦和巴黎之间开始提供客运服务，在
1921 至 1922 年的一年时间里，有 5 000 人以这种方式旅行。
1924 年，帝国航空公司（Imperial Airways）成立，它由四家私
人航空公司的联合机队和飞行员组成，国家为其提供补贴，正
式成为国家航空公司。飞往印度和南非的定期航班直到 20 年
代末才开通，但正如 1924 年的一幅海报所示，帝国航空公司
的宣传创造了一种帝国不同地区之间以航空相联系的认知。

[135]　　　航空公司不太可能把飞行描述成一种大胆的行为，而是
强调飞机的常规可靠性以及航空旅行的安全性和舒适性。女性
成为被重点关注的目标，如果女性不怕坐飞机，男性也不会害
怕。美国国家航空公司赞助了以乘客为中心的杂志，这些杂
志是飞行杂志的前身，主要面向男性飞行爱好者和女性。英国
《空中航线》（Airways）杂志在其第一期中刊登了哈里·哈珀的
一篇专题文章，内容是女性乘客的冷静姿态与男性乘客行为举
止的鲜明对比。在漫画和其他速写中，一个年轻的现代女性被
用来衬托一个对飞行持怀疑态度的中年男性。1932 年，一本名
为"乘飞机旅行女性特别注意事项"的小册子声称，"乘飞机
旅行后比任何其他旅行方式都容易让人看起来更迷人"，因为
飞机上有卫生间，而且"没有"灰尘和污垢。特殊的航空旅行
服装很快就面市了，并在《空中航线》上刊登广告宣传，在不
保温的机舱里，经常出现的是皮草大衣。

与广告文案虚情假意的修辞形成鲜明对比的是，在最初的
几十年里，乘飞机旅行是一项肮脏、嘈杂、令人不舒服的活动，

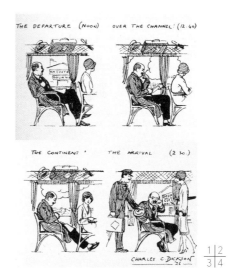

"期待与实现"——查尔斯·G.迪克森创作的漫画。出自《空中航线》杂志，1926
年 2 月

而且极其昂贵。20 世纪 20 年代使用的改装过的 DH34 双翼飞
机，配备了 8 把柳条椅，唯一的舒适之处是在装饰上采用了印
花棉布。一些大型航空公司（但其中没有英国公司）为乘客提
供耳塞。由于死亡率太高，保险公司最初拒绝为选择乘坐飞机
的乘客提供保险（当然航空公司也不能）。从这个角度来看，帝
国航空公司的乘客数量在整个 20 世纪 20 年代都有增长，从
1924 年的 1 万名增加到 1929 年的 2.8 万名，再到后来增加到每
年 5 万多名，这是非常了不起的事情。

　　到 20 世纪 20 年代末，飞机旅行已经融入对外开放的大英
帝国的形象之中。虽然它可能没有取代航海，但它肯定在视觉
效果和趣闻逸事方面能与之竞争。尽管飞行本身，特别是目的
地不是出发机场的那种，对大多数人来说仍然遥不可及，但飞
行沿途的风景和感觉却越来越广泛地被描述，通过报纸报道

[136]

AIRWAYS

《空中航线》杂志封面，1928 年 6 月

1927 年 11 月 17 日，艾伦·科巴姆乘坐一艘肖特军用水上飞机从梅德韦河出发，前往非洲考察

和照片、电影院的新闻片或故事片（英国每周有 1 800 万人次去看电影）等方式传播。艾伦·科巴姆获得了工业界和政府的支持，开始勘测帝国航空路线。他带着一名英国高蒙公司的摄影师记录下这些飞行过程，并在他的巡回演讲中展示了这些镜头，后来还发行了一些故事片，比如《和科巴姆去好望角》（*With Cobham to the Cape*）及《和科巴姆环游非洲》（*Round Africa with Cobham*）。1976 年，《和科巴姆去好望角》重新发行，删除了一些无心的种族歧视内容。

科巴姆的可信度使他成为当时最著名的飞行员，因此他有条件为他各种"让英国飞起来"的计划找到赞助商。1929 年，他与韦克菲尔德勋爵（Lord Wakefield）合作，免费让 1 万名学童搭乘飞机，付费的乘客则达到了 4 万名。在他的"英国青年"

对页图：肖特公司的新一代水上飞机——"加尔各答号"，从 20 世纪 20 年代末开始被用于从地中海到印度的客运服务。插图出自《现代男孩的飞机书》(1931 年)

Entirely New!

SIR ALAN
COBHAM'S

NATIONAL AVIATION DAY CAMPAIGN

AIR
DISPLAY

SAT. & SUN.
JULY
13 & 14
FOR TWO DAYS ONLY

KIRKCALDY
CHAPEL FARM, LOCHGELLY ROAD
Continuous 2-30 p.m. till dusk.   Two Complete Displays 2-30 and 6-30 p.m.
SPECIAL CHILDREN'S HOUR 5-30 TO 6-30 P.M.
ADMISSION 1/3.   CHILDREN 6d.   CARS 1/-.   FLIGHTS FROM 4/-
SPECIAL AUGMENTED BUS SERVICES TO AND FROM THE FLYING GROUND.

WILLSONS PRINTERS LEICESTER

LEARN
TO FLY
ON A
DE HAVILLAND
"MOTH"

AT THE
DE HAVILLAND SCHOOL OF FLYING,
STAG LANE AERODROME, EDGWARE, MIDDLESEX.

"蛾"式飞机飞行课程的广告，选自《空中航线》杂志，1926 年

之旅中，共有 25 万名观众造访了 21 个机场。在接下来的几年里，他创立了"国家航空日"（National Aviation Days），让提供空中表演和"兜风"短程飞行的团队在英国和南非巡回演出。该团队后来被亲切地称为"科巴姆飞行马戏团"，但这一叫法违背了他的初衷。到 30 年代末，据科巴姆计算，他和他的飞行员已经搭载了近 100 万名付费乘客，还有 300 万人购买了飞行表演的票。

[139]

拥有熟悉并精通飞行的国民是令人向往的，这种思想慢慢在政府圈子里生根。1925 年，在政府资助下，英国各地建立了 10 个新的轻型飞机俱乐部；政府同时为飞行课程和商业执照提供资助，以鼓励少数富人之外的更多人学习驾驶轻型飞机，比如非常受欢迎的"舞毒蛾"轻型飞机。然而，在 1927 年，只有

06

兜风的
乐趣

————

The Joy
of the
Ride

对页图：1929 年，艾伦·科巴姆爵士的国家航空日航展海报

"伦敦之门:一架阿姆斯特朗·惠特沃斯·阿戈西公司的客机飞越伦敦市中心。"由 A. G. 巴克汉姆机长拍摄,刊登在 1928 年 2 月的《空中航线》杂志上

500 名男性拥有飞行执照，同年，女性终于获准持有飞行执照并以飞行谋生。一年一度的航展和飞行表演继续吸引着大批观众，并为公众接触飞机提供了新的途径。设计用来测试一个人反应能力的机器得以展出。1929 年在伦敦奥林匹亚展览中心举行的国际航空展览会上，为了体验里德导航指示器（Reid Pilot Indicator），人们排起了长长的队伍，而且主要是女性，因此展会专门为女性留出一定时间来测试她们的技术。两名表现最佳的参赛者可以获得汉沃思机场免费飞行训练课程的奖励。有报道称，6 名女性决赛选手的得分高于 6 名男性决赛选手，但最终还是有一男一女获得了奖励。

[141] 　　对战争的记忆仍然萦绕在航空界。几乎所有以飞机为题材的美国电影都是关于西线的空战。1927 年，《翼》（Wings）获得第一届奥斯卡奖最佳影片奖，并在英国电影界产生重大影响。虽然在某些情况下，航空正在转向战后光明的未来，但飞行图像也从空战的戏剧性中汲取了素材。正如罗斯·史密斯机长被描述成不合群一样，阿尔弗雷德·G. 巴克汉姆（Alfred G. Buckham）机长的照片在 20 世纪 20 年代的航空杂志和主流杂志上出现，唤起了普通人对天气的密切关注。巴克汉姆在皇家海军航空队的时候受了重伤，因此他不得不通过喉咙里的管子呼吸，并且不能正常说话。但他制作了飞机在斑驳的风景中和高高的云端飞行的华丽合成图像。这些照片中经常出现的标题暗示了他作为一名单人飞行员拍摄照片时所面临的令人毛骨悚然的危险：他的脚踝绑在座位上，身体其他部分悬挂在飞机外面，以便曝光底片。

　　1927 年，查尔斯·林德伯格（Charles Lindbergh）从纽约长岛独自飞行 33 个小时后抵达巴黎，这是标志着飞行从一

项受战争污染的技术转变为一项面向未来的技术的决定性时刻。这位相对不为人知的美国飞行员过于年轻，没有参加过战争。凭借飞越大西洋，他获得了高达 2.5 万美元的奖金，这笔奖金是 1919 年由一位法裔美国商人雷蒙德·奥泰格（Raymond Orteig）设立的。几个月后，他也成了世界上最有名的人。几组飞行员曾试图实现巴黎到纽约的不间断飞行（没有要求必须是单人飞行），就在林德伯格成功前两周，两名著名的法国飞行员——弗朗索瓦·科利（François Coli）机长和夏尔·南热塞（Charles Nungesser）机长在飞行中失踪。与那位美国飞行员不同的是，他们在战争中都是王牌飞行员，他们的飞机上涂着南热塞的幸运色，但多少有些吓人（画的是棺材、骷髅和交叉的骨头）。一位 25 岁的新人战胜了两位在法国被长期哀悼的白发苍苍的老兵，这既是一个开始，也是一个结束。林德伯格提供了第一个战后非军事飞行出身的英雄飞行员的模板，他受到的夸张接待标志着一个伟大飞行奇迹时期的高潮。林德伯格抵达布尔歇一周后，在首都的街道上受到了 50 万巴黎人的欢迎。当他乘飞机接近克罗伊登机场时，他发现自己无法找到着陆点，因为有 10 万名观众涌向跑道。他被送回美国海岸，护送队伍由飞艇、飞机和驱逐舰组成，在纽约被超过 400 万人围观。考虑到这个城市的总人口只有 500 万左右，观众占全市人口的比例超过了夏尔和罗贝尔 18 世纪 80 年代在巴黎首次发射载人气球时的数据，当时巴黎只有一半人口前去围观。

[143]

明星飞行员继续受到人们的赞美，尤其是女飞行员，她们

对页图：林德伯格飞越大西洋时驾驶的"圣路易斯精神号"。曼宁·德·V. 李（Manning de V. Lee）为 R. 霍兰德（R. Holland）作品《飞艇的历史》（Historic Airships）绘制的插图，1928 年

06

兜风的
乐趣

——

The Joy
of the
Ride

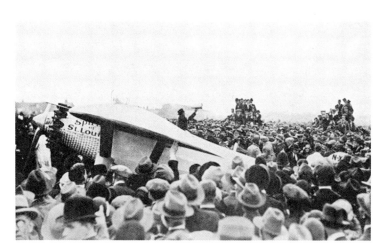

1927 年，在克罗伊登机场，人群向林德伯格招手问候

总是"勇敢无畏"，比如美国的阿米莉亚·埃尔哈特（Amelia Earhart），尽管她 1928 年只是作为乘客飞越了大西洋。1930 年，英国飞行员艾米·约翰逊（Amy Johnson）独自从英国飞到了澳大利亚，着实令人震惊。在她为中产阶级赢得胜利之前，驾驶舱里几乎所有的女性都是贵族（或嫁给了贵族）。她们的头衔让她们的事迹更容易登上报纸头条。爱尔兰奥林匹克运动员玛丽·希思（Mary Heath）夫人是首位获得商业执照的女性，她于 1928 年进行了首次从开普敦飞往伦敦的单人飞行。玛丽·贝利（Mary Bailey）夫人飞往开普敦，而"飞行公爵夫人"——贝德福德公爵夫人玛丽·拉塞尔（Mary Russell, Duchess of Bedford），在 1929 年和 1930 年进行了几次破纪录的长途飞行。约翰逊做打字员的时候，会利用周末时间学习飞行，她在勇敢尝试创造新的飞行纪录的过程中得到了颇具魅力的民航局长塞夫顿·布兰克爵士（Sir Sefton Brancker）的支持。她在起飞时并没有引起太多的关注，但随着时间一天天过

歌曲《艾米》由 J. G. 吉尔伯特（Jos. Geo. Gilbert）作词，霍拉肖·尼科尔斯（Horatio Nicholls）作曲，约 1930 年

1936 年，阿米莉亚·埃尔哈特驾驶的斯蒂尔曼－哈蒙德 Y1（Stearman-Hammond Y1）单翼机，在美国商务部的一次竞赛中赢得"价值 700 美元以下最安全实用飞机"称号

[145]

去，约翰逊从一个个越来越远的经停点传回消息，她的飞行引起了全英国的关注，她于 5 月抵达达尔文的消息在英国各地被人们传颂。为了纪念她，人们写了一首名为《艾米，了不起的艾米》的歌，歌中写道："昨天你还只是个无名小卒，现在你将流芳百世。"飞行的变革力量已经得到证明：技巧、坚韧和想要双手沾满机油的意愿，不仅能赢得一项纪录，还能让你像电影明星一样出名。女性杂志随书赠送约翰逊的肖像照片，这样读者就有了一个新的榜样。

英国航空更为壮观的一面是由英国皇家空军提供的，皇家空军每年都会在亨顿航展和其他特殊场合展示军事力量。这些飞行表演是毫不掩饰的军事表演，包括在战斗场景中表演的特

技，以及对一个虚拟的外国海港实行俯冲轰炸。1928 年 8 月，成千上万的伦敦人参加了一次突击演习，空军部的"轰炸"成了一场轻松的表演。与此同时，帝国各地的民航新航线正在勘测和陆续开通。其雄心壮志是将这座大都市与印度、南非和澳大利亚连接起来。在 20 世纪 20 年代，飞艇似乎是比飞机更有前途的长距离飞行工具，在工业资本和政府补贴的支持下，一项帝国交通计划开始实施。20 世纪 20 年代末，几次成功飞越大西洋的航行，以及一套能够使飞艇停泊和卸载乘客的桅杆系统，让人们对这一计划有了足够信心。

[149]

两艘飞艇被委托制造：R100 将由维克斯公司（Vickers）建造，R101 则由英国皇家飞艇工厂建造。为迎接即将开通的客运服务，国内外纷纷建起飞艇库和桅杆。1930 年夏天，R100 在加拿大受到热烈欢迎后凯旋。同年 10 月，R101 飞艇首次返航印度，上面搭载着汤姆森勋爵、塞夫顿·布兰克爵士和数十名记者。飞艇起飞 7 小时后，因恶劣天气不幸坠毁，在博韦附近爆炸，造成包括几位大臣在内的 48 名乘客死亡。这一可怕事件的影响堪比"泰坦尼克号"船难，联合送葬队伍吸引了和 1910年最后一次加冕典礼一样多的观众。虽然坠毁事件给英国飞艇的发展画上了句号，但它并未影响飞机的起飞。在接下来的 20年里，航空将成为英国国民身份中越来越重要的一部分。

"伦敦赛季，亨顿，空中盛会。"出自《梅菲尔酒店手册》，C. 惠特利编辑，1927 年

1929 年，齐柏林伯爵飞艇世界旅行纪念册的封面

1938 年停靠在卡丁顿的 R100 飞艇

THE SHEIK

THE BUSINESS GIRL

THE SPORTSMAN

THE MESSENGER B

HE BUSINESS   (Right)   THIS LADY, AGED 90,

07

Aerial Nationalism

空中民族主义

[151] *航空为强国提供了“名片”。*

——彼得·弗里茨彻，《飞行的国度》，1992 年[45]

20 世纪 30 年代，无数国有企业都在部署航空事业。其中一些构想和执行明确是为了显示军事力量，另一些则是在民族主义的背景下运作的，但有着不同的议程。许多国家都努力提升航空飞行的吸引力，增进对航空飞行的了解，以便在战争爆发时更好地装备飞机。

从一开始就伴随飞行而来的壮观场面继续吸引着观众。在英国，艾伦·科巴姆的国家航空日活动在英国巡展，其主要由男性组成的团队，为数百名有抱负的飞行员提供游乐设施和空中奇观，并给予他们鼓舞。有一则逸事称，1939 年接受英国皇家空军面试的候选人中，有 75% 的人表示，他们曾与科巴姆一同乘坐飞机。公众对“兜风”项目的兴趣很大，1932 年

对页图：“他们都会飞”——《大众飞行》里的一页，1932 年 4 月

1933 年，庆祝伊塔罗·巴尔博成功飞越大西洋的意大利海报

有 9.2 万名乘客参与体验。这一数量甚至足以战胜任何竞争对手的组织，比如由科巴姆的几位前同事创办的英国医院航空盛会（British Hospitals Air Pageant）。在亨顿举办的航展，高潮往往都是摧毁一个依时事设定的假想敌。这种表演只是全欧洲逐渐抬头的民族主义在英国的一种显现。"意大利展翅之日"（Italy's Days of the Wing）活动吸引了罗马观众来观看对抗北非村庄的军事表演。20 世纪 30 年代初，法国法西斯组织火十字团（Croix-de-Feu）成员的聚会开始以飞行表演为特色。1935 年，30 架飞机在阿尔及利奥威德斯马尔（Oued Smar）一次有 1.5 万人参加的会议上表演。德国国内航空能力受到《凡尔赛合约》（*Treaty of Versailles*）的限制，但在瓦瑟山（Wasserkuppe mountains）举行的滑翔集会依旧吸引了 2 万名观众。1933 年，德国纳粹党在柏林－坦佩尔霍夫机场举行大型集会，庆祝该党的崛起。在那里，飞机和刻意安排的大批年轻人为该党野心勃勃的未来提供了一个愿景。希特勒 1934 年乘飞机抵达纽伦堡参加集会的场面，也被用在他委托莱妮·里芬施塔尔拍摄的宣传片《意志的胜利》（1935 年）中，以呈现一种盛大的效果。

[153]

　　法西斯主义者对航空的迷恋在意大利也很明显。墨索里尼和一个多世纪前的拿破仑一样，认为飞行是一种强大的美学工具，他也是展示飞行艺术的支持者。随着政治生涯的发展，他放弃了飞行课程，把航空霸权和国家空中意识视为他对意大利愿景的关键要素。这也是未来主义诗人和煽动家菲利波·马里内蒂（Filippo Marinetti）的愿景。长久以来，马里内蒂一直受到飞行运动美学的启发。1928 年，他发表了一份关于飞行绘画（aeropittura）的新宣言，庆祝航空使世界的新框架成为可能。与此同时，墨索里尼和他的空军部长伊塔罗·巴尔博（Italo

07

空中
民族主义

——

Aerial
Nationalism

"下午 6 点在伦敦—下午 7 点在勒图凯"。帝国航空公司宣传册的封面和内页，20 世纪 30 年代早期

Balbo）监管了对法西斯空军的巨额投资。正如巴尔博所言："我们飞行员的好战精神与我们法西斯的灵魂是一体的。"[46] 巴尔博还组织了大型国际飞行来展示意大利的航空价值。1928 年 6 月，61 架萨沃亚 – 马尔切蒂（Savoya-Marchetti）水上飞机在地中海西部上空编队飞行；1929 年，另一架飞机"巡航"到达敖德萨，向苏联表示友好，希望双方成为对抗西欧的潜在盟友。1930 年，巴尔博组织了一个编队飞越大西洋，抵达巴西里约热内卢。1933 年，他带领 100 名飞行员抵达纽约，所有飞行员在飞行服下面都穿着黑色衬衫，他们的人数和列队飞行的能力是集体纪律的象征。飞行员返回罗马后受到热烈的欢迎，外地人受到宣传活动和打折火车票的鼓舞，纷纷前往首都参与活动。巴尔博获得了前所未有的荣誉，随后却被外放到遥远的利比亚

[154]

左图：1931 至 1935 年间，荷兰皇家航空公司的海报
右图：泛美航空时刻表，1939 年 9 月

担任总督，以防他的功绩使他比"领袖"更受欢迎。

英国对如此宏伟的飞行计划却反应平平。如此高的国家航空融资水平是不可想象的；帝国航空公司代表着英国的航空实力，而英国广播公司（政府掌控）为其提供补贴。1930 年博韦发生可怕的爆炸后，飞艇名誉扫地，促使航空公司转而为连接帝国的航线提供更多资金，并在 20 世纪 30 年代逐步建立了飞往印度、南非和澳大利亚的航空邮件业务和客运服务。虽然这些"红色路线"具有重要的象征意义，但其实用性却没那么高。对飞越欧洲国家的限制意味着，乘客会更愿意乘坐威尼斯辛普朗东方快车（Venice Simplon-Orient-Express）在欧洲大陆旅行。客机可飞行的时间很短，这意味着途中必须多次停下加油或过夜。为了营造飞行线路完全在英国领土之上的假象，还需要在如巴士拉这种地方围起一块场地，乘客在帆布围挡里面喝茶休息，与周围陌生的环境隔开。

[158]

ENGLAND—SOUTH AFRICA

ENGLAND (Southampton)—EGYPT—ANGLO-EGYPTIAN SUDAN—BRITISH AN
AFRICA—UNION OF SOUTH AFRICA (Durban)
Operated throughou

SOUTH-BOUND

MILES from South-ampton	PORTS OF CALL Junctions shown in CAPITALS *See notes at foot*	Local Standard Time	Day of Services Beginning Tuesday 12 April 1938			Local Standard Time	Day of Services Beginning Saturday 9 April 1938			
			Every Tues.	*Every* Thur.	*Every* Fri.		*Every* Tues.	*Every* Wed.	*Every* Thur.	*Eve* Sa
	LONDON (*Waterloo*) 🚂...........dep.	19 30	Tues.	Thur.	Fri.	19 30	Tues.	Wed.	Thur.	Sa
	Southampton *England* ....🚢 arr.	21 28	,,	,,	,,	21 28	,,	,,	,,	,,
	SOUTHAMPTON.................dep.	05 45	Wed.	Fri.	Sat.	05 15	Wed.	Thur.	Fri.	Su
422	Macon *France*.....................dep.	09 10	,,	,,	,,	Morn.	,,	,,	,,	,,
619	Marseilles *France* ....dep.	11 00	,,	,,	,,	10 30	,,	,,	,,	,,
989	Rome *Italy* ....dep.	14 05	,,	,,	,,	13 35	,,	,,	,,	,,
1303	Brindisi *Italy*...................dep.	16 45	,,	,,	,,	16 15	,,	,,	,,	,,
1672	Athens *Greece* ....🚢 arr.	Even.	,,	,,	,,	Even.	,,	,,	,,	,,
	Athens ....dep.	05 00	Thur.	Sat.	Sun.	06 00	Thur.	Fri.	Sat.	M
2259	ALEXANDRIA *Egypt* ....dep.	10 40	,,	,,	,,	Morn.	arr.	,,	,,	,,
2375	Cairo *Egypt* ....dep.	12 00	,,	,,	,,					
2693	Luxor *Egypt* ....dep.	14 35	,,	,,	,,					
2971	Wadi Halfa *Anglo-Egyptian Sudan* 🚢 arr.	Aftn.	,,	,,	,,					
	Wadi Halfa ....dep.	04 30	Fri.	Sun.	Mon.					
3415	KHARTOUM *Anglo-Egyptian Sudan* dep.	08 25	,,	,,	,,					
3840	Malakal *Anglo-Egyptian Sudan*.......dep.	11 55	,,	,,	,,					
4498	Port Bell (*Kampala*) *Uganda*......dep.	18 20	,,	,,	,,					
4644	KISUMU *Kenya Colony*.........🚢 arr.	Even.	,,	,,	,,					
	Kisumu ....dep.	06 30	Sat.		Tues.					
5080	Mombasa *Kenya Colony* ....dep.	10 35	,,		,,					
5273	Dar-es-Salaam *Tanganyika Territory*. dep.	12 25	,,		,,					
5494	Lindi *Tanganyika Territory*.........dep.	14 25	,,		,,					
5844	Mozambique *Port. E. Africa*......🚢 arr.	Aftn.	,,		,,					
	Mozambique......................dep.	05 30	Sun.		Wed.					
6359	BEIRA *Port. E. Africa*..............dep.	10 00	,,		,,					
6874	Lourenco Marques *Port. E. Africa*...dep.	14 50	,,		,,					
7161	DURBAN *Natal*..................arr.	Aftn.	,,		,,					

These services go on to 'Iraq, India, Burma, Malaya, Hong Kong and Australia

SOUTHAMPTON
NOTE. The Saturday service ex Southampton to Durban will leave at 05.15 and will operate 30 mins. earlier throughout the day to Athens

ALEXANDRIA
Junction for Imperial Airways service to and from India, Malaya, the Far East, Hong Kong and Australia

KHARTOUM
Junction for Imperial Airways Service to and from Nigeria (Lagos), and Elders Colonial Airways Service between Nigeria (Lagos) and Gold Coast (Accra) and vice versa

A call will be made at the following places if inducement offers and circumstanc

帝国航空公司英国—南非航班时刻表，1938 年 4 月

> **PASSENGERS SPEND THE NIGHT AT**
> SOUTHAMPTON South Western Hotel
> MARSEILLES Hotel de Noailles
> ROME Grande Hotel de Russie
> BRINDISI Hotel Internationale
> ATHENS Grande Bretagne
> ALEXANDRIA Hotel Cecil
> WADI HALFA Nile Hotel
> KHARTOUM Grand Hotel
> KISUMU Kisumu Hotel
> MOZAMBIQUE Rest House
> ⛴ By train between London and Southampton

Before Wednesday, 20 April, there will be departures from Alexandria on Sat. 9 April, Mon. 11 April, Fri. 15 April, and Sun. 17 April, stopping the night at Brindisi and on Mon. 11 April, Thur. 14 April, Sun. 17 April, stopping the night at Rome.

These services will operate to the same times as the new services shown below, and arrive in Southampton the following day, with the exception of that on Mon. 9 April, which also stops the night at St. Nazaire, arriving Southampton on 12 April.

These services have come from Australia, Malaya, Hong Kong, Burma, India and 'Iraq

PORTS OF CALL — Junctions shown in CAPITALS (See notes at foot)	Local Standard Time	Day of Services Beginning Sunday 10 April, 1938			Local Standard Time	Day of Services Beginning Wednesday 20 April, 1938		Local Standard Time	Day of Services Beginning Thursday 21 April, 1938	
DURBAN *Natal* dep.	06 30	*Every* Sun.	*Every* Thur.							
Lourenco Marques *P. E. Africa* dep.	09 15	,,	,,							
BEIRA *Port. E. Africa* dep.	13 55	,,	,,							
Mozambique *Port. E. Africa* ⛴ arr.	Even.	,,	,,							
Mozambique dep.	06 00	Mon.	Fri.							
Lindi *Tanganyika Territory* dep.	09 45	,,	,,							
Dar-es-Salaam *Tanganyika Ter.* dep.	11 50	,,	,,							
Mombasa *Kenya Colony* dep.	13 35	,,	,,							
KISUMU *Kenya Colony* ⛴ arr.	Aftn.	,,	*Every*							
Kisumu dep.	07 00	Tues.	Fri.	Sat.						
Port Bell (*Kampala*) *Uganda* dep.	08 30	,,	,,	,,						
Malakal *Anglo-Egyptian Sudan* dep.	13 25	,,	,,	,,						
KHARTOUM *A-E Sudan* ⛴ arr.	Aftn.	,,	,,	,,						
Khartoum dep.	07 00	Wed.	Sat.	Sun.						
Wadi Halfa *A-E Sudan* dep.	11 10	,,	,,	,,						
Luxor *Egypt* dep.	13 40	,,	,,	,,						
Cairo *Egypt* dep.	16 25	,,	,,	,,						
Alexandria *Egypt* ⛴ arr.	Aftn.	,,	,,	,,						
ALEXANDRIA dep.	04 45	Thur.	Sun.	Mon.	06 45	*Every* Wed.	*Every* Sat.	13 00	*Every* Thur.	*Every* Sun.
Athens *Greece* dep.	10 05	,,	,,	,,	12 05	,,	,,	18 30	,,	,,
Brindisi *Italy* arr.	Morn.	,,	,,	,,	Aftn.	,,	,,	Even.	,,	,,
Brindisi dep.	12 20	,,	,,	,,	14 20	,,	,,	06 00	Fri.	Mon.
Rome *Italy* arr.	Aftn.	,,	,,	,,	Aftn.	⛴	⛴	Morn.	,,	,,
Rome dep.	15 25	,,	,,	,,	07 00	Thur.	Sun.	09 05	,,	,,
Marseilles *France* ⛴ arr.	Even.	,,	,,	,,	Morn.	,,	,,	Morn.	,,	,,
Marseilles dep.	06 15	Fri.	Mon.	Tues.	10 15	,,	,,	12 20	,,	,,
Macon *France* dep.	08 15	,,	,,	,,	12 15	,,	,,	14 20	,,	,,
Southampton *England* arr.	Morn.	,,	,,	,,	Aftn.	,,	,,	Aftn.	,,	,,
LONDON (*Waterloo*) arr.	Aftn.	🚂	🚂	🚂	Even.	🚂	🚂	Even.	🚂	🚂

KISUMU
tion for Wilson Airways ces to Nairobi and North-hodesia (Lusaka)

BEIRA
Junction for Rhodesian and Nyasaland Airways Services to Southern Rhodesia (Salisbury and Bulawayo) and Nyasaland (Blantyre)

DURBAN
Junction for South African Airways Services to Johannesburg

A, KAREIMA, KOSTI, BUTIABA, QUELIMANE and INHAMBANE

帝国航空公司英国—南非航空时刻表，1938 年 7 月

这些"帝国"路线上的停靠点都是临时的，这一点并不重要，重要的是它们在地图上的连贯性。20 世纪 20 年代末到 30 年代末，航空文学和海报上到处都会出现地图。荷兰皇家航空公司、法国法尔曼航空公司和拉泰科埃尔航空公司均成立于 1919 年，帝国航空公司成立于 1924 年，汉莎航空公司成立于 1926 年，它们都致力于将欧洲小国的航空业务扩展到全球。"征服天空"已经完成，只待通过征服天空来征服世界了。1919 年，德国通过资助在哥伦比亚成立的世界第二大客运航空公司——哥伦比亚 - 德国航空运输公司（SCADCA，the Colombian–German Air Transport Society），参与了新世界的航空业。为了应对德国在拉丁美洲和加勒比地区可能产生的影响，美国政府资助并创立了泛美航空公司。泛美航空公司在 20 世纪 20 年代和 30 年代一直主宰着拉丁美洲的航空业。在欧洲，汉莎航空的飞行里程和载客量超过了所有其他欧洲航空公司的总和；同时，它还在非洲与帝国航空公司竞争。

这不仅是一场抢夺乘客市场的竞争，也是一场争夺地理奖杯的竞争。美国指挥官理查德·伯德（Richard Byrd）在 20 世纪 20 年代末飞越了北极和南极。正是对这些成就的嫉妒与愤恨，激励了英国航空团队于 1933 年成功飞越珠穆朗玛峰，这次飞行由露西·休斯顿夫人（Lady Lucy Houston）资助。征服珠峰的挑战曾让英国最优秀的登山者铩羽而归，乔治·马洛里（George Mallory）和安德鲁·欧文（Andrew Irvine）六年前在那里失踪。而这次的成功，正是来自视野上的优势。正如影片的字幕所宣称的："人类第一次俯视世界屋脊。"探险队的视觉记录和宣传元素从一开始就很明确，队伍中有摄影师，并决定使用两架飞机（一架用来拍摄）。1934 年，珠穆朗玛峰的

D. 道格拉斯－汉密尔顿爵士和 D. F. 麦金太尔上尉在《珠穆朗玛峰飞行员手册》中展示的珠峰，1936 年

[160] 鸟瞰场景被展示给电影观众，飞行员和机组人员被塑造成典型的冷漠形象；这部电影甚至赢得了奥斯卡奖。值得注意的是，这一成就是在查尔斯·格雷（Charles Grey）的资助下取得的，而此人与法西斯主义关系密切。20 世纪 30 年代，世界上许多航空人物和纳粹有联系，部分原因在于德国政府对飞行的资助与英国政府微薄的补贴相比是如此慷慨。查尔斯·格雷在他漫长的《飞机》（Aeroplane）杂志编辑生涯中，曾公开发表种族主义和反犹太主义社论。

从 20 世纪 30 年代初开始，电影、平面媒体（尤其是插图杂志）和广播以越来越多的方式将航空事业置于公众面前，比赛、探险和飞行器新设计都可以成为新闻。帝国航空公司资助拍摄了一系列关于帝国民用航空的长短纪录片。这既是一项宣传活动，也是一项公共教育方案。该航空公司还委托设计了一种标志——极速鸟（Speedbird）。在 20 世纪 30 年代，极速

对页图：指挥官理查德·E. 伯德驾驶福克三引擎单翼机飞越北极。出自曼宁·德·V. 李为 R. 霍兰德作品《飞艇的历史》绘制的插图，1928 年

《旁观者》(*The Bystander*) 杂志第一期封面上刊登的帝国航空公司的肖特"帝国"水上飞机，1939 年 5 月 3 日

鸟将出现在商品上，出现在越来越风格化的海报上，以及莱恩·莱（Len Lye）1938 年创作的充满活力、色彩斑斓的广告短片《彩色航班》（*Colour Flight*）中。克罗伊登机场是英国广播公司 1934 年《儿童时光》（*Children's Hour*）节目的主题，同年，前飞行员和实习广播员兰斯·西夫金（Lance Sieveking）的《帝国航空》（*Airways of Empire*）作为英国广播公司国家节目的一部分进行了广播，提供了"一幅声音形式的发展全景图——从中世纪到此时此刻"。[47] 苏联进一步利用飞机作为宣传工具，建造了巨大的"图波列夫·马克西姆·高尔基号"。"马克西姆·高尔基号"是世界上有史以来最大的飞机，可容纳 70 名乘客，还携带了一台印刷机、一个"来自天空的声音"广播电台和扬声器、一个摄影实验室，以及一个电影放映机，可在飞行期间或在地面上向成千上万的观众放映电影。这是一个大胆的设计壮举，但它缺乏灵活性。1935 年 5 月，在莫斯科上空进行编队飞行表演时，它撞上了一架比它小得多的双翼飞机——当时这架双翼飞机正在绕着它飞行。

[162]

在 20 世纪 30 年代，不仅客运航空得到了大力推广，航空邮件服务也得到了大力推广。在这方面最受欢迎的是皮埃尔－乔治·拉泰科埃尔（Pierre-Georges Latécoère）的航空公司。这位商人兼飞机制造商很早就决定在图卢兹的基地和拉丁美洲南锥体之间开通空中邮件服务。这条线路上的所有地点都很难飞行或很难与所属国谈判：越过比利牛斯山脉到巴塞罗那，再沿着西班牙海岸线，穿过摩洛哥，然后沿着非洲海岸线往西南，穿过塞内加尔的达喀尔和巴西的纳塔尔之间的大西洋，以及艰难地越过安第斯山脉，到达智利的圣地亚哥。此外，拉泰科埃尔还要求飞机应该在任何天气起飞，并在夜间飞行。出

1937 年，未发行的印有"图波列夫·马克西姆·高尔基号"飞机的苏联邮票

于这个原因，后来被称为空中邮政（Aéropostale）的公司召集了一批最大胆的法国飞行员，与战时王牌飞行员相呼应。飞行员为航线（La Ligne）的声誉，进一步说，也是为法国的声誉，冒着生命危险飞行，这种浪漫冒险故事让一些作家着迷，这些作家因而美化了这家公司的形象。这些飞行员中包括安托万·德·圣－埃克苏佩里，他在 1929 至 1931 年间出版了《南方邮航》和《夜间航班》，在 1939 年出版了《人的大地》。圣－埃克苏佩里最有名的书《小王子》（1943 年），是根据他自己在撒哈拉沙漠坠机后的经历写成的。 [165]

　　圣－埃克苏佩里的小说很快被翻译成多种语言，并以其对孤独飞行的超凡体验的生动描述继续俘获人们的想象力。尽管空中邮政公司在应对风险方面是独一无二的，不过其确实比其他航空公司损失了更多的飞行员，这一时期还有很多其他冒险需求。长距离的挑战仍在继续。尽管女性还没有被雇用从事商

对页图：1932 年刊登在《插画》（L'Illustration）杂志上的一页航空邮票

简·巴顿抵达悉尼后的欢迎场景。出自其著作《我的生活》(*My Life*),1938 年

业活动,但她们已经成了飞行员。1929 年海伦·鲍彻(Helene Boucher)的巴黎—西贡飞行、1930 年艾米·约翰逊(Amy Johnson)的英国—澳大利亚单人飞行、1932 年阿米莉亚·埃尔哈特独自飞越大西洋的壮举,以及简·巴顿(Jean Batten)1934 年的英格兰—澳大利亚单人飞行和 1936 年的英格兰—新西兰单人飞行,这些例子都提升了人们对女性飞行员的关注度和信任度。价格亲民的轻型飞行器,如德·哈维兰"蛾"式飞

07

空中
民族主义

———

Aerial
Nationalism

对页图:运往里约热内卢的航空邮件,选自《插画》杂志的插图,1932 年

飞行中和在车库里的德·哈维兰"大黄蜂"战斗机，出自《飞机》(*The Airplane*) 杂志的广告，
1935 年 7 月 31 日

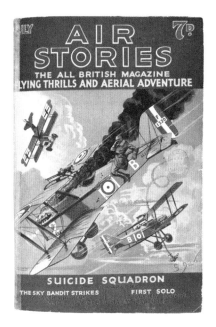

1935 年 7 月、6 月、8 月和 12 月《空中故事》(*Air Stories*) 的封面

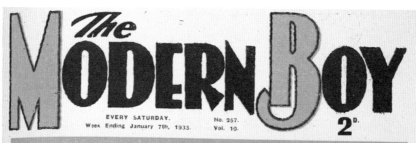

The MODERN BOY

EVERY SATURDAY.
Week Ending January 7th, 1933.

No. 257.
Vol. 10.

2D.

WAR-TIME FLYING STORY, by FLYING-OFFICER JOHNS, Inside!

《现代男孩》封面，1933 年 1 月 7 日

《大众飞行》封面，1932 年 8 月

上图：《比格尔斯：学会飞行！》（1935 年）封面

下图：《比格尔斯：先锋战斗机》（1954 年）封面

机，使那些不太富裕的人能够亲自体验飞行；上面提到的具有里程碑意义的多次飞行都是通过"蛾"式飞机完成的，因为当它们收起翅膀时，可以被安放在车库里，所以在休闲飞行领域很受欢迎。

20 世纪 20 年代，航空支持者曾呼吁人们要有"空中意识"；30 年代初，这种呼吁又在大多数国家重新出现，针对的是男孩和年轻人。在德国，成立于 1933 年的空中运动协会（Air Sports Association）接管了所有现存的飞行俱乐部和社团，包括非常受欢迎的滑翔团体，使这项活动成为希特勒青年团（Hitler Youth）成员的核心活动。在美国，洛克菲勒兄弟资助成立了美国航空青年团（Air Youth of America）。在英国，1938年成立了防空少年团（Air Defence Cadet Corps），1941 年设立了航空童子军（Air Scouts）。关于航空的问题在重整军备的辩论中占了很大的比重，因为英国飞行界长期以来一直抱怨政府投资不足，现在面对德国积极地将民用飞行活动转变为军事飞行活动，他们确实应该感到焦虑。20 世纪 30 年代英国下议院提出的许多航空问题中，关于女性飞行员的问题是，如果她们不被允许在战争中飞行，那么资助女性上飞行课程不就是在浪费钱吗？

尽管民族主义政党和航空业之间有着密切的关系，但许多欧洲自由主义思想家和政治家强烈倾向于将民用和军用航空业置于一个国际力量的掌控中。20 世纪 20 年代末，温斯顿·丘吉尔等人提出，如果法国、英国和美国能够将其空中力量置于国际联盟（League of Nations）的控制之下，国际联盟就能维持世界和平。法国陆军部长安德烈·塔迪厄（Andre Tardieu）尤其热衷于这一想法，因为这将使拥有最少空军的法国更有能力

[166]

07

空中
民族主义

——

Aerial
Nationalism

抵御德国的攻击。英国工党认为，国际控制也将消除多余的市场竞争。有人建议保留过时的双翼飞机，它们"在现代战争中过时，但足以维持半文明部落的治安"[48]，从而解决了人们对没有英国空军将如何控制大英帝国的担忧。这个想法不仅遭到国际联盟中法西斯成员国的反对——他们在 20 世纪 30 年代一个接一个退出了国际联盟，也遭到飞机制造商代表的反对，他们认为这对商业没有任何好处。

在两次世界大战之间，人们对飞行故事有着极大的兴趣。《少年》(*Juveniles*) 杂志依旧畅销，而最令人兴奋和丰富多彩的杂志均来自美国。不过，飞行军官威廉·厄尔·约翰斯声称这些故事歪曲甚至篡夺了英国飞行员的功绩，作为对这些故事的回应，他开始写作。约翰斯在航空艺术领域开始了自己的新闻报刊生涯，利用他在皇家飞行队的专业知识为亨顿航展和《航空》杂志封面绘制插图。1928 年，他和艾伦·科巴姆一起为《现代男孩》杂志撰稿。《现代男孩》是一本以航空为中心的周刊，创办于 1928 年，并于 1932 年改名为《大众飞行》(*Popular Flying*)，约翰斯成了编辑。这份非专业航空月刊一出版就大获成功，10 年中每月销量达 3 万份。这是一本混合了"惊心动魄的飞行"（主要由战争老兵撰写）和当代民航飞行员（包括女性）的评论的刊物，都由约翰斯"来自编辑座舱"的漫无边际但有趣的注解串联起来。比格尔斯的故事就是在这里首次刊登的。约翰斯后来又继续写了 100 多部比格尔斯系列小说，直到 1968 年去世。20 世纪 30 年代末，由于不断批评政府在训练飞行员和建立防空基地方面行动迟缓，他被解除了编辑职务，但他为几代英国皇家空军招募人员和鼓舞士气做出了重大贡献。

[171]

第 152 号飞鸟俱乐部（马瑟韦尔队）和 84 个由其成员组装并涂装的飞机模型。出自《飞鸟》，1934 年

　　约翰斯的画特别吸引人的地方在于将迷人的色彩和精确的细节交融在一起。飞机品牌和型号的多样性，以及随处可见的机场，促进了业余爱好者这一群体的形成，飞机观察者和图像收集者对新机身的生产保持着浓厚的兴趣。20 世纪 30 年代，出版商和企业看到了可以反映和鼓励这一趋势的商机。例如，《大众飞行》杂志刊登了一些视觉谜题，邀请读者把一组飞机飞行的图画剪下来，重新编排成一场空中缠斗。1932 年，"飞鸟"（Skybirds）模型飞机套件上市。这种玩具由木头和一些金属零件制成，面向 12 岁以上的儿童销售。该公司成立了各地的模型制作俱乐部，这些俱乐部共同组成了飞鸟联盟（Skybird League）。这是一个拥有自己的季刊的社群，其飞机模型可以参加比赛，并最终在伦敦哈姆利玩具商店（Hamleys）的橱窗里展出。

　　飞鸟模型套件被明确地设计用于指导装配者了解飞机构造

[172]

上图：哈姆利玩具商店的飞机模型广告。出自
《大众飞行》，1932 年
下图：由 J. H. 史蒂文斯（J. H. Stevens）创作
的《飞鸟：详解》（Skybirds: descriptive details）
封面，1935 年

的细节，并得到了教育和航空组织的批准。一个经常被提及的特点是，制作者能够通过按比例制作和拍摄来把玩模型："如果一个飞鸟模型构造正确，应该很难将它的照片与同类型的实际机器的照片区别开来。"[49] 模型制作者可以通过展示他们的模型飞机在"飞行"中悬停或停靠在机场周边设施的透视图来与昂贵的空对空摄影一争高下。他们可以以一种新的方式参加一场飞行表演或一场空中缠斗。《飞鸟》季刊的读者寄来了他们的照片，希望这些照片足够好，可以发表。"我的机场就在我的卧室地板上。"一个男孩写道。他拼出了 24 架飞机模型，而且喜欢与它们一起进行空中表演。另一位读者说："这股风潮像野火一样在学校和我家附近蔓延开来，它打败了溜溜球和比夫球拍（Biff Bat）……我们都死心踏地地喜欢飞行。"[50]

MADRID
THE "MILITARY" PRACTICE OF THE REBELS

IF YOU TOLERATE THIS
YOUR CHILDREN WILL BE NEXT

MINISTERIO DE PROPAGANDA

『当心下面』

[175] *啊，大地，敞开你的心扉接受我们吧！*
因为这是群星将要陨落的时刻，
或者没有这一时刻，会有其他东西坠落带来更大的爆炸和刺痛！
当心下面！

　　　　　　　　　　　　——保罗·克劳德尔，1936 年[51]

　　20 世纪 30 年代，航空的浪漫氛围在唤起战时英雄主义和建设一个强大且具有前瞻性的飞行民族共同体之间取得了平衡，但飞机最终能够造成的生命损失和财产破坏让浪漫降温。自 1909 年以来，一直有许多预测说动力飞行将改变战争。最新的轰炸理论家是朱利奥·杜黑，他是 20 世纪 20 年代的意大利作家，作品在 30 年代初被翻译成英语。

　　自第一次世界大战结束后，空中警卫队的演练一直在进行。英国皇家空军通过轰炸和扫射进攻，控制了伊拉克和苏丹的"反叛部落"，这件事在 20 世纪 20 年代初的英国媒体上被大肆宣扬。20 世纪 20 年代和 30 年代初，在意大利对利比亚昔兰尼加地区的野蛮征服中，飞机发挥了重要作用。抗日战争期

对页图：西班牙内战期间（1936—1939 年），西班牙卫生部制作的宣传海报

印有"超级马林喷火式 Mark V 战斗机、柯蒂斯'小鹰'战斗机和一群战斗机飞行员"的书页，出自《飞行和大众航空》(*Flying and Popular Aviation*)，1942 年 9 月

间，日本多次轰炸中国城市，其恶行被国际媒体广泛报道。飞机扩大了世界战场，任何城市及其平民都可能成为目标。1936年 11 月，由佛朗哥主义者控制的西班牙空军轰炸马德里，造成 133 名平民死亡。

希特勒征用汉莎航空公司的飞机来帮助佛朗哥运输部队，并由秃鹰军团执行对格尔尼卡的攻击，真正改变了人们对欧洲空中轰炸的看法。起初，德国空军拒绝对此负责，但 1937 年 [176] 4 月的这次进攻——目的是切断"巴斯克共和军"向北撤退的路线，显然是德国在空中力量方面的一次尝试，包括大规模轰炸和扫射进攻。袭击持续了几个小时，造成多达 1 600 人死亡，并摧毁了镇中心 70% 的建筑。巴勃罗·毕加索绘制了纪念画作《格尔尼卡》，1937 年的巴黎世界博览会上，这幅画作在争议中展出。这幅画作将该镇居民经受的痛苦和彷徨扩展为一种弥漫的、普遍的恐惧，随着战争变得不可避免，全世界的平民都将开始经历这种恐惧。1936年，威廉·卡梅伦·孟席斯（William Cameron Menzies）根据 H. G. 威尔斯的小说拍摄了一部名为《笃定发生》（*Things to Come*）的电影。片中，遭到毁灭性炸弹袭击的地点被取名为"每个小镇"（Everytown）。1938 年，心理学家作为评估空袭对英国潜在影响的一部分，预测因轰炸受到心理影响的平民人数将是受到身体影响者的三四倍，他们还讨论了多达 400 万人逃离首都的应急计划。

[177]　　1939 年第二次世界大战的爆发，是对欧洲在过去 10 年中发展起来的军用航空物资和政策的新一轮考验。德国在"二战"期间对滑翔机的痴迷，精明地将物资集中于其民用航空公司汉莎航空，以及纳粹在 20 世纪 30 年代后期违反国际制裁重

英国皇家空军"海鹦号"系列图画书第三本的封面。出自《空中战争》（*War in the Air*），詹姆斯·加德纳（James Gardner）著，1940 年

WILL'S CIGARETTES

ANTI-AIRCRAFT SOUND LOCATOR

WILL'S CIGARETTES

GLOUCESTER GAUNTLET
INTERCEPTOR FIGHTERS

WILL'S CIGARETTES

REPRESENTATION OF BALLOON
BARRAGE FOR DEFENCE OF LONDON

WILL'S CIGARETTES

REPRESENTATION OF AIR DEFENCE CONTROL ROOM

WILL'S CIGARETTES

ANTI-AIRCRAFT SEARCHLIGHT

WILL'S CIGARETTES

PILOTS RUNNING TO MACHINES
TO TAKE OFF

上图：1939 至 1945 年，空军妇女辅助队招募海报

对页图：1938 年，"空袭预防"系列威斯（Wills）香烟卡片

振空军，都意味着德国有充足的资源可以通过空中力量或闪电战进行大规模领土扩张。除了将客机改装成远程轰炸机外，德国空军还拥有一种新型俯冲轰炸机——JU-87 轰炸机，或称斯图卡（Stuka），以及一种令人印象深刻的战斗机——梅塞施密特 Bf-109（Messerschmitt Bf 109）。英国皇家空军是 1941 年美国参战前唯一一支对抗希特勒的国家空军。英国空军的规模较小（英国陆军也是），虽然海军航空兵是各国海军中规模最大的，但它的装备已经过时了。但是，与德国不同的是，英国投资了一项战略轰炸计划，包括研制重型轰炸机；还投资了一个民防系统，使用雷达和作战室探测空袭、制定战略并追踪英国皇家空军的响应。

尽管空中的防御和攻击配置（比如探照灯、高射炮、拦截气球、灵巧的战斗机飞行员和敏捷的机器）在以前的战争中很常见，但这次英国空军的情况略有不同。其高层仍然由白人上层男子占据，但是英联邦和欧洲大陆德占区飞行员与工程师的加入让这一群体更具世界性。波兰和捷克飞行员组成的飞行中队在不列颠之战中作为最后的手段发挥了作用，提供了巨大的帮助。地勤人员作为空军的主体，对飞行员的工作不可或缺，但在英国皇家空军中盛行的僵化的社会等级制度之下，他们仍然缺乏威信，战后也缺乏认可。空军妇女辅助队（WAAF）是战争爆发时成立的组织，到 1943 年已拥有 18 万名成员。空军部要求威廉·约翰斯把他笔下的主人公变成一位空军女英雄，于是琼·沃拉尔森（Joan Worralson，人称"沃拉尔斯"）就诞生了。小说连载了 11 部，直到战争结束。经人脉广泛的英国飞行员保利娜·高尔（Pauline Gower）施压，空中运输辅助队（ATA）允许女飞行员运送飞机和人员，这群女

[180]

上图：空中运输辅助队的女飞行员。出自《飞行与大众航空》，1942年9月
下图：空军妇女辅助队成员正在操作防空气球的绞车。出自《飞行和大众航空》，1942年9月

飞行员带来的新奇感被摄影记者所捕捉。空军妇女辅助队在空中行动背后做了大量的计算和通信工作，从解读航拍照片到操作无线电和电话，再到在作战室中绘制中队行动图。同时，空军妇女辅助队中队被分配操作防空拦截气球，这是一项繁重的体力劳动，可她们的薪水只是同等职位男性的 2/3。 [181]

　　苏联是唯一一个允许女性参与战斗飞行的国家，女飞行员被赋予秘密轰炸的特殊责任。588 夜间轰炸机团驾驶的是拥有开放式驾驶舱的小型低速双翼飞机，她们会关闭引擎滑翔经过目标上空，丢下炸弹。静音的机翼为她们赢得了德国人口中"夜间女巫"的绰号。

　　就像停电在 1915 至 1918 年间遭到轰炸的城市中造成了新的受围心态一样，英国实施的空袭预防措施也对战时气氛造成了一定影响。防毒面具、大规模疏散、临时搭建的防空掩

近卫夜间轰炸航空兵第 46 团（原 588 夜间轰炸机团）团长耶夫多卡·波斯安斯卡娅（Yevdokia Bershanskaya）正在指导耶夫多卡·诺萨尔（Yevdokia Nosal）和妮娜·乌里扬年科（Nina Ulyanenko），1942 年

上图：D. 加尼特（D. Garnett）和 J. 加德纳（J. Gardner）合著作品《不列颠之战》
封面，1941 年

下图："不列颠之战"——英国情报部的宣传传单，约 1940 至 1941 年

《英国的屋顶》——英国情报部宣传书，1945 年

"骄傲的城市" ——英国伦敦交通海报, 由 W. E. 斯普拉德贝里（W. E. Spradbery）设计,
1944 年

体、警笛哀号、"保持冷静，坚持下去"的精神——这些因英
国城市遭受空袭而产生的联结，至今仍在我们的国家记忆中根
深蒂固。这些威胁是意料之中的，在战争爆发前的几年里，有
关"毁灭性打击"的言论导致规划者高估了潜在破坏程度。事 [182]
实上，德国和英国空军都已做好了轰炸平民的准备，但都不想
成为第一个发起攻击并引发报复的国家。1939 年 9 月，德国空
军轰炸华沙。庆祝轰炸胜利的电影《炮火的洗礼》（*Feuertaufe*）
在德国上映。轰炸造成 3 万人死亡，其中大多数是平民，市中
心也惨遭摧毁。一年后，在德国成功轰炸鹿特丹和巴黎后，英
国指挥官开始对德国发动攻击，并派遣飞行员到鲁尔河谷工业
区执行轰炸任务。

发生在 1940 年 7 月和 8 月的不列颠之战（Battle of Britain），
在胜利后叙述中的历史重要性远远超过了英国实施的轰炸本身。
它呈现了一个更予人好感的故事，在天空中勾勒出国家属性，
就像保罗·纳什（Paul Nash）的名画《不列颠之战》（*The Battle
of Britain*，1941）中记录的一串串航迹。超级马林喷火式战斗
机（Supermarine Spitfire）成为英国工程和设计的象征，它与
德·哈维兰"蚊"式飞机（Mosquito）一起，被用来击退入侵
英国领空的数量惊人的德国轰炸机和战斗机。事实上，英国皇
家空军当时已经到了崩溃的边缘，数百名飞行员丧生，其中许
多人不是死于敌人的行动，而是因为技术故障或飞行员自己操
作不熟练。英国的空中优势阻止了德国入侵英国，但后者还是 [186]
成功地继续轰炸了伦敦和其他工业重镇。

尽管恐怖，但闪电战给伦敦人提供了一种日常奇观。这

对页图："独裁者必定垮台"——英国情报部宣传海报，1939—1945 年

R.A.F. day raiders over Berlin's official quarter.

THE DOWNFALL OF THE DICTATORS IS ASSURED

PRINTED FOR H.M. STATIONERY OFFICE BY FOSH & CROSS LTD., LONDON. 51-5561

与维多利亚时代数以千计的人拥入游乐园观看可能以灾难收场的气球升空不无相似之处。从第一次袭击开始，旁观者就把伦敦人描述成喜欢冒险的人，当炸弹落在他们身边或飞机被击落时，他们就会在足球比赛场地或空中缠斗表演的看台上欢呼。突袭行动常常被描述为"美丽的"，那些有幸不在攻击目标地区的人会聚集在阳台上观看"声与光"的庆典。艾尔·阿尔瓦雷斯（Al Alvarez）曾这样描述：

> 空袭的警笛声，轰炸机引擎不变的起落声（电台新闻播报员谈论着'一波接一波轰炸机'，这就是它们的声音），炸弹的呼啸声……樱草山上高射炮的轰鸣声此起彼伏，飞机被困在探照灯组成的格栅下的夜空中，起火那晚，伦敦笼罩在诡异的灯光下。[52]

情报部甚至觉得有必要发布一张海报，上面写着"在空袭时，不要站在那儿盯着天空，马上躲起来"。

破坏的后果也让人着迷。丽贝卡·韦斯特（Rebecca West）在一次袭击后的第二天便造访了伦敦，她说："（在一辆出租车上）转过身，从后窗往外看，蓝色的天空衬托下，尾气的痕迹显示一架德国飞机和一架英国飞机正在激烈地缠斗，这让我头晕目眩。"[53]孩子们在爆炸现场蹦蹦跳跳，寻找战利品，陶醉在这些新建的冒险乐园里。观看"闪电战"的游客会在星期天前往伦敦寻找突袭过后还在冒烟的残骸。

1936年，法国前驻美大使保罗·克劳德尔曾表示，最好的空袭警告来自《圣经·启示录》，它预示着来自上天的毁灭。第二次世界大战后期发生的空袭表明，20世纪30年代民间的焦虑其来有自。4万名英国平民死于德国空军之手，但在1943

"轰炸机指挥部"——英国情报部的宣传单，1939—1945 年

[188]至 1945 年英美联合空袭德国城市的行动中，死亡的德国人是死于空袭的英国人的 10 倍之多。盟军的突袭行动在战前几年就计划好了，目的是达到最大的打击效果，经常会造成数万人死亡。1943 年 7 月在汉堡的空袭引发了火风暴，死亡人数在一夜之间就达到了 3.7 万。汉堡、德累斯顿、慕尼黑和其他德国城市遭受的轰炸对全德国人民来说绝对是毁灭性的，而实施这些袭击的英国轰炸机司令部的声誉也从未恢复。正是在这个平民伤亡惨重的阶段，一种新型武器问世了，那就是德国的"复仇"导弹 V-1 和 V-2。

1944 年夏天，每天都有 V-1 巡航导弹从被占领的法国基地发射到英格兰东南部。导弹带着不祥的呼啸声，以比英国战斗机还快的速度射入其首都中心，在爆炸中杀死数十人。尽管人们历经艰难找到了转移或破坏这些"飞弹"的方法，但它

08

"当心下面"

——

"Beware
Down
Below"

们依旧给无辜的人造成了巨大的心理伤害。就在法国基地被夺取和解除武装几周后，V-2 制导弹道导弹已经在欧洲北部的移动发射装置上部署好了。科学家受美国人罗伯特·戈达德（Robert Goddard）液体推进火箭实验的影响，从 20 世纪 30 年代开始研发这种导弹。德国的 V-2 测试火箭是第一个到达外太空的人造装置，战争结束时，美国和苏联急于攫取德国的 V-2 专业技术和发射设备，这将成为他们各自打造太空计划的核心技术。火箭不可思议的超音速，使雷达、高射炮和空中追击无所适从，而且它们在撞击时可以杀死数百人，对英国人的士气产生了巨大的影响。但是，第二次世界大战中最致命的空中行动，是 1945 年在广岛和长崎使用的另一种仓促成为 20 世纪科学里程碑的武器——原子弹。这种武器造成数十万人死亡，并对人们的健康产生了持久的影响，预示着（理论上）今天仍然存在的全面战争的新水平。理查德·奥弗里（Richard Overy）指出，这种攻击方式是英国和美国空军五年战略轰炸行动的高潮，最终构成了人们期待已久的"致命一击"。[54]

[189]

　　第二次世界大战期间开发的机载武器，为后来冷战期间相互竞争地缘政治影响力的手段奠定了基础。17 世纪的耶稣会士拉纳·德·泰尔齐曾提出，实现飞行会扰乱人类国家和政治的平衡。随着第二次世界大战的结束，我们已可以清楚看到，飞行能够使人类毁灭彼此。但是，如果人类已经成为"湿婆，世界的毁灭者"（如美国核物理学家 J. 罗伯特·奥本海默几十年后从《薄伽梵歌》中引用的那样），那他们也找到了探索地球大气层以外新世界的方法，这是另一个与飞行有关的长期野

对页图："女人必须工作"：正在韦斯特兰的航空工厂工作的女工，出自《航空业》（*Aeronautics*），1941 年 8 月

WOMEN MUST WORK

Women employees working in a
Westland Aircraft factory

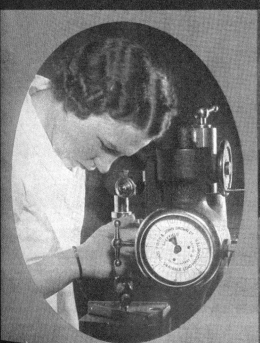

心。核威胁和太空竞赛在 20 世纪 50 年代和 60 年代世界各地流行文化中引发的担忧不相上下。

在整个冲突过程中，恐惧和紧张也体现在孩子们拿着玩具飞机玩耍的过程中。除了飞鸟模型外，现成的微缩模型也在 20 世纪 30 年代投入生产。几十年来一直在制造马口铁组装玩具及工具的麦卡诺公司（Meccano），开始在利物浦的工厂制造压铸的飞机和汽车模型。再加上纸板游戏、香烟卡片、邮票，以及像《大众飞行》这样的杂志的影响，微型飞机使儿童从小就能接触到飞机，并懂得飞机在社会、文化和国家层面上的意义。虽然玩具生产在战争期间显著放缓（德国拥有世界上领先的玩具制造商，而大多数英国的玩具工厂战时都在为战争服务），但是一个特别版的喷火式战斗机模型还是在火爆出售，以此筹集资金，用来生产更多真正的飞机。战争期间，孩子或其父母所能得到的任何东西，都可以用来制作喷火式战斗机模型，这是飞机对孩子们根深蒂固的吸引力的一个表现。 [191]

漫画开始取代少年读物里"世纪末"（fin de siècle）风格的内容，在 20 世纪 40 年代孩子们的想象中扮演重要的角色。在美国，超人、惊奇队长和蝙蝠侠等新出现的超级英雄，在战争结束时都能在空中飞行。事实上，第一次出现在 DC 漫画中（1933 年）五年后，超人才被赋予了飞行的能力；相比之下，蝙蝠侠这个角色是鲍勃·凯恩在《超人》漫画取得成功后于 1939 年设计的，设计灵感来自列奥纳多·达·芬奇的扑翼机——他小时候看过它的照片。直到 20 世纪 50 年代，这些美国漫画作为船舶压舱物漂洋过海而来，英国才开始有了零星的美国漫画，冒险战胜了超人类的力量。丹·戴尔（Dan Dare）代表了英国对冷战英雄主义的回应。他是一个比格尔斯式人物，在地球上的帝国正在衰落之际，重申帝国在外层空间扩张和防御的主张。

尽管飞机曾经造成了空前规模的建筑破坏和人口死亡，但战后留下的航空遗产比 1918 年要复杂得多。战时飞机制造业创造了广泛的就业机会。国内和国际民航网络已经建立。空中力量赢得了战争，未来的国家安全很可能就系于空中力量的对比。随着欧洲和远东地区新的地缘政治格局尘埃落定，盟军的空军伙伴可以通过向柏林运送补给来证明他们的持续效用。1948 至 1949 年间，苏联军队曾在地面上封锁了柏林。一位大胆的美国飞行员被亲切地称为"抖翅膀叔叔"或"巧克力轰炸机"，因为他在执行任务时把糖果撒得满城都是。

一架美国货机飞过柏林西部，一群德国孩子兴高采烈地欢呼，1948 至 1949 年

HARPER'S

Bazaar

British
Flight
of
Fashion

April 1956
Three Shillings and Sixpence

09

The Jet Age

喷气机时代

[195] *带我飞向月亮，*

让我在群星间嬉戏；

让我看看木星和火星上的春天是什么样子！

——巴特·霍华德（Bart Howard），

《换句话说》（In Other Worlds），1954 年[55]

1952 年是英国航空业罕见的一年——其在世界舞台上的胜利之年。凭借德·哈维兰“彗星”（Comet）飞机，英国航空公司使用英国皇家空军工程师弗兰克·惠特尔发明的技术制造了喷气式客机并在航空竞赛中赢得了胜利。美国和苏联的工程师也在努力制造喷气式动力飞机，这种飞机将会在冷战时期大放异彩，不过有一段时间，英国的设计和制造占据了主导地位。与第一次世界大战之后的时期不同，20 世纪 40 年代末、50 年代初，航空公司得到了英国政府的大力支持，空中力量明确地证明了其价值，英国的专业知识在其对美国的紧密依赖中发挥了重要作用。

飞行在文化层面的意义也很强烈。尽管曾有那些战争中

对页图：“英国飞行时尚”——《时尚芭莎》封面，1956 年 4 月

空速"大使"高速客机广告，《飞行与飞机工程师》(*Flight and Aircraft Engineer*)
杂志封面，1947 年 3 月 6 日

的军民伤亡，但航空业现在对大众的想象力产生了强大的吸引
力，它融合了闪电战的韧性、不列颠之战叙事中不屈不挠的抗
争精神，以及对未来新喷气式飞机的信心。类似的事情在 1919
至 1922 年间也发生过，全球各地的新航线和老练王牌飞行员
重新成为帝国的联络人。现在，前战斗机飞行员成了飞机制造
商的试飞员。他们收入微薄，预期寿命短得令人难以置信，却
可能是这个国家最受尊敬的男人。《每日快报》称："他们是新
伊丽莎白时代的人。凭借他们的勇气，英国拥有了成为天空女
王的机会。"

自然的边界再次受到召唤，取代敌机，声障成了飞行员 [196]
和工程师的强劲对手。大卫·里恩（David Lean）导演的《一

飞冲天》(*The Sound Barrier*，1952 年）是这个主题下广受欢迎的电影，但影片忽略了美国飞行员查克·耶格尔（Chuck Yeager）的飞行速度已经达到 1 马赫的事实，而是讲述了一个令人信服的英国故事，关于雄心勃勃的飞机制造商、甘愿为事业献出生命的尽职尽责的试飞员，以及充满同情却被声爆的威力所淹没的理性之声。丘吉尔很喜欢这部电影，尽管它隐晦地暗示了傲慢和死亡的前景，但它有助于促进军事和商业飞行。极端的风险和潜在的荣耀相互结合，也吸引了成千上万的人参加航空展，这个展会现在由一个制造商财团控制，而不是由英国皇家空军运营，在那里，著名的试飞员将原型机的操作发挥到极限，以打动潜在的买家和观众。这些事件的传奇性不仅体现在其顺利完成上，更体现在灾难中。1952 年 9 月，在法恩伯勒，约翰·德里（John Derry）在德·哈维兰 DH100 飞机（De Havilland DH 110）中实施超音速俯冲后坠毁，造成他本人、助手和 29 名观众死亡。当天下午，德里的朋友内维尔·杜克（Neville Duke）驾驶霍克"猎人"（Hawker Hunter）飞机再次展示俯冲和声爆，这证明了对战争遗留下的悲痛截然不同的态度：前英国皇家空军士兵继续工作，他们的工作并没有因为死亡的临近而受到影响，并且在上午刚刚有数十名观众血溅观察丘的情况下，下午继续活动也被认为没有任何不妥。生命危险似乎完全没有阻拦作用，第二天又有 2 万人加入了观看队伍，观看总人数达 14 万人。

[197]

除了展示超级马林"褐雨燕"喷火式战斗机——在电影中充当一架名叫"普罗米修斯"的超音速战斗机，以及载着主角夫妇从哈特菲尔德飞往开罗共进午餐的德·哈维兰"吸血鬼"（Vampire）战斗机，《一飞冲天》还为"彗星"提供了一个非常引人注目的客串镜头。这是英国海外航空公司（BOAC）的骄傲，该公司是 1940 年由帝国航空公司和英国航空有限公司国有化合并而成（同时也组建了英国欧洲航空公司）。与螺旋桨飞机上嘈杂的机舱相比，英国海外航空公司的"彗星"在头等舱可搭载 36 名乘客，既平稳又安静。如果说"彗星"比 20 世纪 40 年代用于长途旅行的标志性的肖特帝国水上飞机（Short Empire flying boats）等旧机型向前迈进了一大步，那它比起 W. S. 亨森在 109 年前宣传的"阿里尔号"（绰号叫彗星）则是光年级的进步。但它的形象与维多利亚时代的蒸汽飞机有共同之处。如同"阿里尔号"的宣传人员委托他人观看它飞越金字塔上空，让尖端技术覆于异国情调的景观上一样，"彗星"也在 1952 年沿着帝国航线飞越了非洲。在它的首次定期飞行时，数千人在克罗伊登为它送行，2 万人在约翰内斯堡迎接它。一名

[199]

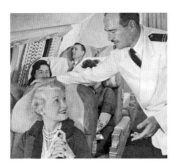
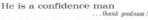

左图：英国海外航空公司 1960 年的广告，一名空乘正在照顾一名年长乘客
右图：英国海外航空公司杂志——《世界之翼》（*Wing over the World*）封面，1946 年 5 月

为英国海外航空公司的"彗星-4"喷气式飞机制作的可折叠宣传单/海报的一面，1956年

新闻摄像师记录了这次飞行，并将英国最新的飞行工具与非洲大陆的自然奇观（和原住民奇观）放在一起拍摄。英国广播公司的纪录片《非洲上空的彗星》（*Comet over Africa*，1952 年）向电视观众播放了这些奇观。

其客户群体的精英属性进一步增加了它的吸引力，富有和迷人的乘客走下飞机，就像飞机本身光滑、闪闪发光的线条一样吸引着观众和媒体摄影师。20 世纪 50 年代初，英国海外航空公司的"彗星"曾经搭载过新女王玛格丽特公主和女王母亲，还有杰弗里·德·哈维兰、奥利维亚·德·哈维兰和琼·芳登的堂兄弟姐妹。创造了"喷气机时代"这个短语的美国社会记者说，"喷气机时代"和喷气机一同到来，出现了"生活快、行动快的人"。[56] 这种最新的名人文化与新的飞行技术密切相关。世界各国领导人和显要人物乘坐飞机履行他们的国际职责，演员也是如此。在费德里科·费里尼导演的《甜蜜的生活》（1960 年）中，新星安妮塔·埃克伯格从维克斯"子爵"（Vickers Viscount）涡轮式飞机上现身的滑稽表演，为国际航空的魅力提供了全新的视觉模板。现在出名的是乘客，而不是飞行员。演员和音乐家上下飞机舷梯的镜头在媒体上大量出现。英国欧洲航空公司（BEA）战略性地把自己的名字放在靠近大门的位置，以从曝光中获益。当甲壳虫乐队乘坐英国欧洲航空公司的飞机出行时，这种方法尤其有效。

在英国，人们对喷气机时代的乐观态度部分基于这样一种想法：高端旅行将通过提供更好的工作，从而提振经济。"二战"期间，英国飞机工业大规模扩张，政府在研发上的大力投入让

对页图：1957 年 2 月 21 日，英国王室成员出现在伦敦机场。出自《英国欧洲航空杂志》（*British European Airways Magazine*）

1959 年 10 月，环球航空公司洲际波音 707 飞机的广告："让你自己去享受这伟大的喷气时代的冒险吧。"

"六大"公司（布里斯托尔、德·哈维兰、英国电气、霍克·西德利、劳斯莱斯和维克斯·阿姆斯特朗）保持了较大的规模。从 1950 到 1954 年，英国就业人数增加了 10 万人，而且在 1963 年之前，就业人数一直保持在 27.9 万人以上。11% 的英国工程师和科学家在飞机行业工作。正如戴维·埃杰顿（David Edgerton）所指出的，飞机工人往往比汽车制造业的工人对自己的产品更满意，而且乘坐自己产品出行的可能性更小。[57] 飞机被视为英国战后经济身份的重要组成部分，即使在它从 1952 年的高位跌落之后也是如此。1954 年春天，在经历了 4 次全损和许多人因事故死亡后，第一架"彗星"客机显然已经不适合频繁飞行。几个月内，美国波音公司开始测试 707 喷气式飞机的原型机。当"彗星"于 1958 年被改造成能够提供安全服务的机型时，波音 707 已经取代了它的位置，成为世界领先的喷气式客机。

[201]

"英国欧洲航空公司银翼假日 66 款航班"。20 世纪 60 年代英国欧洲航空公司的地图和内页的广告小册子

在接下来的 10 年里，全球乘客数量增长了 5 倍。尽管在 20 世纪 60 年代，享受特权去国外度假或乘飞机出差的乘客数量相对较少，但飞行正被重新定义为现代生活中令人向往的交通选择之一。乘飞机出行是易于为人所见、有规律且相对安全的。在美国，飞机在速度方面比地面交通有很大的优势，国内航空旅行已经成为常态。对英国来说，南方的阳光是人们选择航空出行的主要驱动力。英国欧洲航空公司开始提供飞往瓦伦西亚和里斯本的航班，当时的机票价格约为 54 英镑（相当于今天的 1 230 英镑），贵得让人不敢问津。早在 1950 年，包机就被纳入外国旅游套餐，但直到 1974 年，包机才被允许以低于定期航班的价格提供服务。从 1969 年开始，波音 747 等大型喷气式飞机增加了载客量，成本和票价也随之下降。 ^[203]

乘坐喷气式飞机出行可能仍然远在大多数人的能力之外，但微型飞机的供应却相当丰富。战后，企业家们迅速利用新发明的塑料材质和注塑成型技术，生产出廉价、轻便的模型制作工具。Airfix 公司最初是做梳子和打火机的，在做了几年船类模型之后，于 1953 年开始生产飞机模型。这些玩具在伍尔沃斯商店以 2 先令的价格出售，孩子们用零花钱就可以买到，很快飞机模型就变得非常受欢迎。Airfix 的利润在 20 世纪 50 年代增长了 10 倍。他们迎合了对微型飞机模型细节感兴趣的公众，这些设计经验来源于对作战飞机的细微观察。战争时期的飞机和最新型号的飞机都是参照制造商的设计图纸制作的。与战前的飞鸟模型相比，它们更便宜，因此大众更易于消费，被破坏和烧毁也无大碍。亚瑟·沃德（Arthur Ward）还记得自己 5 岁时冲出家门买了第一套 Airfix 飞机模型的情景：

如果运气好的话，我可以利用生日宴下午茶的时间把新买的喷火式战斗机或兰开斯特轰炸机组装起来，然后对藏在灌木丛里的一个想象中的工业建筑群进行轰炸。在我买下一个 Airfix 飞机套件之前，我可能已经点燃了我现在的新款飞机模型。不过，这代表模型飞机被'德国佬'高射炮直接击中，这一切都是乐趣的一部分……另一方面，如果我的新模型组装得足够好并且可以展出的话，我会在机翼和机身上绑一段棉线，然后把我的宝贝吊在卧室天花板上。[58]

当然，沃德所怀念的聚苯乙烯燃烧的气味，不过是冷战期间飞行装置施加威胁的放射性尘埃的味道。"确保相互摧毁"是核导弹发展中令人不安的原则，在 20 世纪 50 年代和 60 年代，民众的恐慌时高时低，1962 年 10 月古巴导弹危机等时刻则使这种恐慌达到顶点。试验一度在世界偏远地区不断进行，直到 1963 年世界各国签署了一项条约，限制这种试验只能在地下进行。虽然核武器没有在朝鲜或越南使用，但这些地区冲突使苏联和美国的新型喷气式战斗机投入了战斗。1950 年，美国空军对朝鲜进行地毯式轰炸，几乎没有留下大型建筑物。20 世纪 60 年代中期，更多的美国炸弹摧毁了越南北部。

[205]

随着民航的兴起，出现了一种新的现象——劫机。20 世纪 60 年代初，商业航班开始成为旅客的受害者，他们可以很轻松地携带走私武器登机，或者用一罐杀虫剂和一把削皮刀虚张声势地恐吓机组成员。政治活动人士将强行改变航线视作一种醒目的声明方式，有时他们还劫持人质以求满足自己的条件。从 20 世纪 60 年代末开始，美国发生了数量惊人的"劫机"事件，这些不满的美国人要求飞机飞往古巴。

Copyright photograph by permission of Imperial War Museum.

Just like the real thing

Airfix kits are not just models—they're exact replicas, each series to a constant scale.

There are models galore in the Airfix range! Aircraft from fighters to bombers (*all* to the same 1/72nd scale), 00 gauge railway accessories, vintage cars, warships. Airfix value is *unbeatable*— ask your dealer for the latest list.

Airfix 1/72nd scale Lancaster bomber, 17" wing span. 7/6d.

Nearly 100 kits from 2/- to 10/6.

AIRFIX

THE WORLD'S GREATEST VALUE IN CONSTRUCTION KITS

From Model and Hobby Shops, Toy Shops and F. W. Woolworth

TRACKSIDE SERIES
Level Crossing 2/-

VINTAGE CARS
1930 Bentley 2/-

MODEL FIGURES
Lifeguard 2/-

在英国，哈罗德·威尔逊（Harold Wilson）政府于 20 世纪 60 年代中期取消了几项备受瞩目的新飞机合同，试图将支出转向福利系统。采购部门和制造商之间出现了激烈的争吵，人们感到，英国作为世界级飞机生产国的日子已经过去了，军方和国有航空公司都依赖于美国飞机。英国皇家空军的重组更让人觉得英国的辉煌时代已经过去了。时值英国皇家空军成立 50 周年纪念日临近，而政府显然不会为空中庆祝表演提供资金，这导致一名军官实施了一项令人震惊的违规行为。1968 年 4 月 5 日，艾伦·波洛克（Alan Pollock）中尉驾驶喷气式飞机霍克"猎人"在伦敦上空实施了一次完全不按计划的演示飞行。他绕着威斯敏斯特转了三圈，发出的噪音让下议院的辩论不得不停止，然后他向附近威斯敏斯特河堤上的英国皇家空军纪念碑斜着机翼飞行以示敬意，又沿着河流向东进发。他飞到塔桥下，塔桥上的公路交通运行如常。波洛克也在这段即兴的光荣之旅中飞过几个机场，然后降落在西雷纳姆基地并被捕，从此再也没能穿上制服飞行。

这是喷气式飞机第一次在塔桥上表演特技，波洛克的飞行自然产生了一些影响。一个女人写信给《每日快报》称："这让我和其他很多人都感受到了一个美好的世界，我将永远记得当我想到那个掌控着如此巨大能量的家伙时的自豪感，它还唤起了我对那些在战争中为我们的生命而战的伟大伙伴的回忆。"[59] 那天，波洛克在英国皇家空军的上司和空军部官员的谩骂压倒了伦敦人心中所向往的胜利和怀旧情绪，波洛克被迫宣布退役，再也没有机会在军事法庭上就英国航空的现状表达

对页图：1959 年前后的 Airfix 广告

不满。第一次世界大战爆发后，飞行员这种特立独行、不畏艰 [206]
险的理想深刻影响着英国国民，但如今这种理想已不再受到鼓
励。在波洛克著名的飞行活动几个月后，比格尔斯角色的创作
者威廉·约翰斯去世了。

从某种意义上说，这是英国一个时代的结束，尽管那是一
个短暂的时代。长达 1/4 个世纪的成功的飞机制造时代接近尾
声。英国公司继续为飞机制造引擎和零部件，但是，没有战后
研究和开发的慷慨投资，它们就不能再设计和制造新飞机了。
还有一个更大的项目正在筹备：协和式飞机。这种英国和法国
联合研制的超音速客机建造于 20 世纪 60 年代后半期，1969 年
首次试飞成功，1976 年首次提供客运服务。尽管协和式飞机的
制造超出了预算，但它确实引起了地面上那些买不起这种极其
昂贵的座位的人的兴趣（和厌恶）。声爆和发动机发出的巨大
噪音是许多英国人和法国人抱怨的主题，美国禁止它在其领土

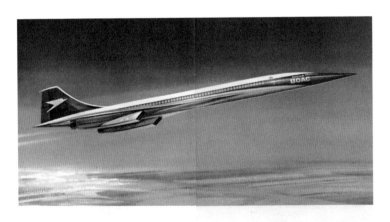

... this should come as no surprise   ➤ BOAC

英国海外航空公司协和式飞机广告，1969 年。事实上，1972 年英国海外航空公司
和英国欧洲航空公司合并后，协和式飞机只以英国航空公司的涂装提供客运服务

上空飞行，理由是扰乱公共秩序。它是民族自豪感的源泉，是
[207] 英国和法国这两个老对手合作产生的令人愉快的成果，它在这
两个国家和美国东海岸之间飞行了 27 年。

这个小岛国如此坚决地要像统治海洋一样统治空中，但它
失去了对军用飞机生产的控制，也失去了为大型航空公司提供
补贴的帝国实力。英国既没有技术，也没有能力在太空竞赛中
胜利——太空竞赛是国家技术实力的新舞台。然而，就在这一
刻，飞行却变得更加普及。1970 年，波音 747 在运营的头 6 个
月里搭载了 100 万名付费乘客。20 世纪 70 年代，英国游客出
国旅游的欲望越来越强，这种现象一直持续到今天。

到 20 世纪 60 年代末，飞行不再是一个梦想，很快它也不
再是一种遥不可及的奢侈品。然而，它保留了幻想的元素，从
爱国者对英国短暂的空中霸权的怀旧，到疲惫的旅行者对更独
特的飞行体验的渴望。1957 年，人造卫星"斯普特尼克"环绕
地球飞行后，人们更加坚信动力飞行将有助于人类登上月球。
1969 年 7 月 20 日凌晨，孩子们从床上被抱起来，在电视直播中
看到两个美国人踏上月球表面。对登月的直播是英国广播公司
首次连夜播出的节目，全球有 5.3 亿人同时观看。美国词曲作
家巴特·霍华德在 1954 年创作了歌曲《换句话说》，呼应了本
书中（第 4 章）已经看到的浪漫星际旅行的抒情传统。1964 年
弗兰克·西纳特拉（Frank Sinatra）翻唱这首歌的时候，它已经
是一首流行歌曲，更广为人知的名字是《带我飞向月球》（*Fly
me to the Moon*）——由西纳特拉与贝西伯爵录音，昆西·琼斯
（Ouincy Jones）编曲，被美国国家航空航天局（NASA）采用，
毫无疑问，这首歌将被"阿波罗 11 号"送上月球。当尼尔·阿
姆斯特朗和巴兹·奥尔德林在月球尘埃上踱步时，这首曲子被

尤里·加林林的庆祝画面登上了《鳄鱼》（*Krokodil*）杂志的封面，1961 年

这两位听众播放，这也提醒人们，飞行梦想对于实现这一里程
碑的重要性。

对页图：尼尔·阿姆斯特朗拍摄的巴兹·奥尔德林在月球上的照片，1969 年 7 月
20 日

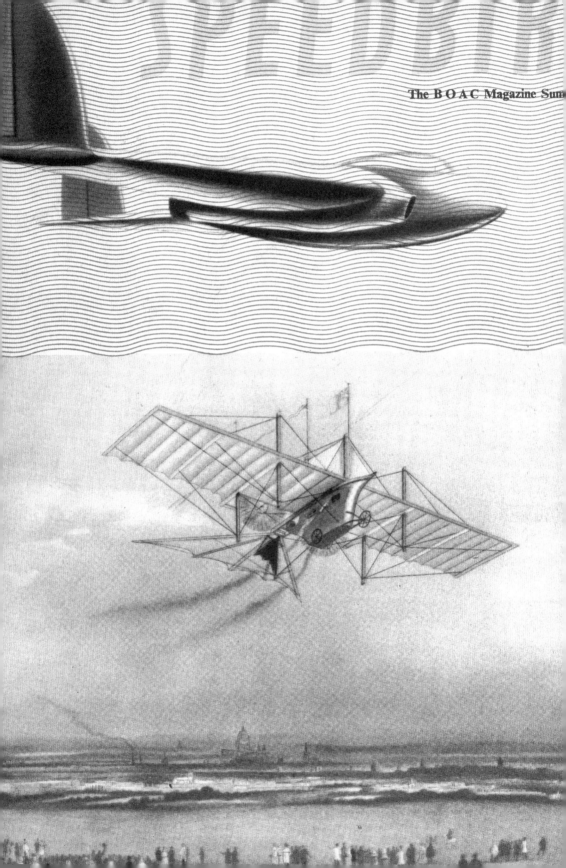

　　1969 年的登月是一次由无线电信号和阴极射线传送到地球上的远程事件，不论是对美国国家航空航天局还是对观众来说，这都标志着飞行体验的一次改变。同时，这次行动和美国国家航空航天局其他探险活动一样，保留了历史上飞行尝试中常见的悬念；火箭发射或爆炸的不确定性足以让观众保持实时关注。正如我们所看到的，目睹飞上天空的吸引力既来自对成功的希望，也来自对灾难的期待。19 世纪 50 年代，格雷厄姆夫人危险的气球发射一次又一次吸引着大批观众；过了一个世纪，约翰·德里致命事故发生后的第二天，又有 2 万名观众来到了法恩伯勒。飞行意味着尝试不可能的事情，但同时也意味着挑战那些无法克服的界限：人类成为人为误差的人质，与物理学或力学定律碰撞，或只是简单地坠落。

　　失败和坠落事件本身被广泛传播。与飞行关系最密切的名字，不是成功的代达罗斯，而是失败的伊卡洛斯。罗伯特·科金和弗兰兹·瑞切特之所以永垂不朽，不是因为他们对降落伞设计的修改，而是因为他们相隔 75 年的死亡。1938 年，阿米莉亚·埃尔哈特在太平洋上失踪，而如果她成功完成这次环球旅行，也许她的名字就不会被这样长久铭记。正如哈里特·昆比在 1912 年 4 月（"泰坦尼克号"沉没后的第二天）成为首位驾驶飞机飞越英吉利海峡的女性后所发现的那样，失败比胜利

对页图：《极速鸟：英国海外航空公司杂志》（*Speed bird: The BOAC Magazine*）的封面，1948 年夏天

更值得效仿。

　　然而，在最初的几十年里，报纸是航空业的朋友，如果没 [212]
有诺斯克利夫勋爵和他的《每日邮报》奖项的影响，英国航空
业在"一战"爆发时可能会远远落后于欧洲邻国。18 世纪 80
年代，最早的气球驾驶员不得不在自己出版的游记中自吹自
擂。相比之下，在威尔伯·莱特抵达欧洲的英国以外地区后，
《每日邮报》以神化的口吻，迅速刊登了他的自传长文，为这
位飞行员打造了新形象。平面媒体也发现自己在探索飞行的奇
幻一面，比如《泰晤士报》报道了蒸汽驱动的"阿里尔号"的
飞行盛况，或者《纽约太阳报》故意报道了一场空中恶作剧。
有时，编辑会因小说作家所持的反对态度而产生联想和思考，
他们会表达出对世界主要城市有可能在早饭前被夷为平地的恐
惧。H. G. 威尔斯要对很多事情负责。

　　从 19 世纪开始，参与飞行的可能性越来越大。首先是通过
将更大容量的气球设置在娱乐中心，而在第一次世界大战后，
人们又开始积极参与"兜风"活动。无论是通过气球、飞艇还
是飞机，只有富有的人才能选择自己的飞行方式，而对于其他
所有人来讲，只会考虑花很少的钱来体验飞行的感觉。当航空
公司成为国家大事的一部分时，乘客的形象变得更加重要，也
是因为这一点，女性才被鼓励参与飞行，以消除对危险和不适
的恐惧。

　　飞机的发展从娱乐或战斗转向运输，这一重心的转移与政
府对公众参与飞行的态度的转变是一致的。在 19 世纪，乘坐
气球娱乐是不受欢迎的，一些科学家，甚至 20 世纪 20 年代的
历史学家，都对航空学被耍把戏的人玷污表示不满，而在第一
次世界大战后不久，就连英国广播公司也看到了人们对飞机的

兴趣。空中意识是一种美德，尽管它总是与其构想的好战环境联系在一起（可能是在 1909 年大英帝国航空联盟的一次早期会议上）。一个崇尚天空的国家更有可能赢得战争，因此任何与飞行有关的行动都会受到鼓励。艾伦·科巴姆的"空中马戏团"表演和英国皇家空军的空中表演都是在最严肃的爱国主义精神指导下进行的。

[213] 参与飞行不限于"兜风"或定期飞行。人们在展览会上排队测试他们的驾驶技术。他们在用硬纸板做的座舱里拍照。他们看航空片，读比格尔斯系列小说。他们在家庭作坊和工厂里制造飞机。与令人印象深刻的英国航空标志性产品（"舞毒蛾"、喷火式战斗机和"彗星"）并进的，还有由一群狂热的模型爱好者制作的数千个微型复制品。英国人不需要离开地面就可以起飞。

尽管飞机的制造工艺塑造了飞行历史的复杂性和特殊性，但这并不是有关飞行的唯一故事。飞行的梦想、关于飞行可能带来的持久野心和妄想，以及感受自身在空中翱翔的期望和现实，都是气球和飞机如何被研制、表演和被接受的影响因素。飞行员兼作家威廉·朗格维舍（William Langewiesche）发表于 1998 年的《从上空看》（*The View from Above*）中指出，飞行的哲学含义才刚刚开始被定义："空中飞行在经历了一个世纪之后，我们仿佛仍然生活在刚开始的时刻，就像那些第一批从海洋走到陆地的生物所经历的那样。对我们来说，这一时刻之所以具有意义，是因为我们能够思考它，并且可能因此理解自由的本质。"[60] 我们的航空动力学可能只有 110 年的历史，但正如本书所展示的，人类在过去的 2 000 年里，无论是在想象，还是亲身体会上，曾多次离开地面。在此期间积累的飞行文化，塑造了 20 世纪的航空业，相应地，也会影响 21 世纪发展起来的伟大理想和新的飞行方式。正如朗格维舍所说："机械的翅膀让我们能够飞翔，但只有用我们的思想，我们才能拥有天空。"[61]

1　Robert Wohl, *A Passion for Wings: Aviation and the Western Imagination*, 1908–1918 (New Haven: Yale University Press, 1994) and *The Spectacle of Flight: Aviation and the Western Imagination*, 1920–1950 (New Haven: Yale University Press, 2005).

2　引自David Edgerton, *England and the Aeroplane: Militarism, Modernity and Machines*, rev. edn (1991; London: Penguin, 2013), p. 170。

3　引自Bayla Singer, *Like Sex with Gods: An Unorthodox History of Flying* (College Station: Texas A&M University Press, 2003), p. 61。

4　*An Ottoman Traveller: Selections from the 'Book of Travels' by Evliya Çelebi*, translated with commentary by Robert Dankoff and Sooyong Kim (London: Eland 2010), p. 30.

5　引自Marjorie Hope Nicolson, *Voyages to the Moon* (New York: Macmillan, 1960), p. 34。

6　John Wilkins, *Mathematicall Magick* (London: printed by M[iles]. F[lesher]. for Sa: Gellibrand at the brasen Serpent in Pauls Church–yard., 1648), p. 200.

7　引自Marjorie Hope Nicolson, *Voyages to the Moon* (New York: Macmillan, 1960), p.171。

8　见Viktoria Tkaczyk, 'Ready for Takeoff', *Cabinet* 27 (Fall 2007), http://www.cabinetmagazine.org/issues/27/tkacsyk.php [accessed 11/01/18]。

9　引自Marjorie Hope Nicolson, *Voyages to the Moon* (New York: Macmillan, 1960), p. 122。

10　Charles H. Gibbs–Smith, *Aviation: an historical survey from its origins to the end of the Second World War* (London: Science Museum, 2003 [first published 1985]), p. 30.

11　*The Works of Thomas Carlyle*, Vol. II: *The French Revolution: A History*, ed. Henry Duff Trail (Cambridge: Cambridge University Press, 2010), p. 51.

12　同上。

13　引自Eric Hodgins and F. Alexander Magoun, *Sky High: The Story of Aviation* (Boston: Little, Brown, 1929), p. 23。

14　引自Richard Holmes, *Falling Upwards: How We Took to the Air* (London: William Collins, 2013), pp. 17–18。

15　John Jeffries, *A Narrative of the Two Voyages of Dr Jeffries with Mons. Blanchard, with Meteorological Observations and Remarks* (London: J. Robson, 1786), p. 12.

16　Letter to Faujas de St. Fond引自 *The New Monthly Magazine* 48 (1836), p. 57。

17　H. G. Wells *The War in the Air and particularly how Mr. Bert Smallways fared while it lasted* (London: George Bell and Sons, 1908), p. 68.

18　Poster of the first Aeronautical Exhibition翻印收录于John E. Hodgson, *The History of Aeronautics in Great Britain, from the earliest time to the latter half of the nineteenth century* (London: Humphrey Milford, 1924), p. 283。

19 Thomas Monck Mason, *Aeronautica*; or, *Sketches Illustrative of the Theory and Practice of Aerostation* (London: F. C. Westley. Repr. 1972. Richmond, Surrey: The Richmond Publishing Co, 1838), p. 245.

20 见Richard Holmes, *Falling Upwards: How We Took to the Air* (London: William Collins, 2013)。

21 引自David W. Wragg, *Flight before Flying* (Reading: Osprey, 1974), p. 26。

22 引自Alexander Fraser, *The Balloon Factory: The story of the men who built Britain's first flying machines* (London: Picador, 2011), p. 30。

23 'The Aerial Ship! or A Flight of Fancy' (1843).

24 'Oh What Fun: A Comic Song' (1843).

25 'In Nineteen Hundred and Three', written and composed by C. M. Lea (New York: Willis Woodward; London: Charles Sheard, 1894).

26 *New York Herald*, February 1909, quoted at http://www.wrightstories.com/afterwards.html [accessed 29/08/17].

27 引自Robert Wohl, *A Passion for Wings: Aviation and the Western Imagination, 1908–1918* (New Haven: Yale University Press, 1994), p. 113。

28 André Beaumont, *My Three Big Flights* (London: Eveleigh Nash, 1912), p. 42.

29 Harald Penrose, *British Aviation: The Pioneer Years 1903–1914* (London: Cassell, 1980), p. 28.

30 引自Peter Adey, *Aerial Life: Spaces, Mobilities, Affects* (Chichester: Wiley–Blackwell, 2010), p. 56。

31 'Britannia Must Rule the Air', written by Frank Duprée, composed by Charles Ashley (London: Lawrence Wright Music Co., 1913).

32 Hendon Air Display Programme, May 1913, quoted in Adey, *Aerial Life*, p. 58.

33 Michael Macdonagh, *In London during the Great War: The Diary of a Journalist* (London: Eyre & Spottiswoode, 1935), p. 131.

34 Macdonagh, *In London During the Great War*, p. 132.

35 Macdonagh, *In London during the Great War*, pp. 135–6.

36 引自Patrick Deer, *Culture in Camouflage: War, Empire and Modern British Culture* (Oxford: Oxford University Press, 2009), p. 62。

37 引自Nigel Steel and Peter Hart, *Tumult in the Clouds: The British Experience of the War in the Air, 1914–1918* (London: Hodder & Stoughton, 1997), pp. 244–5。

38 'Future Policy in the Air', speech transcribed in H. A. Jones, *The War in the Air: Being the Story of the Part Played in the Great War by the Royal Air Force*, vol. 2 (1928; London: Hamish Hamilton, 1969), p. 474.

39 Sir John Monash, 引自Jerry Brown, *Zeppelin Nights: London in the First World War* (London: Bodley Head, 2014), p. 170。

40 Le Corbusier, *Aircraft* (London: The Studio, 1935), p. 8.

41 引自Gordon Pirie, *Air Empire: British Imperial Civil Aviation 1919–39* (Manchester: Manchester University Press, 2009), p. 30。

42 Union Theatre advertisement, 引自Robert Dixon, *Prosthetic Gods: Travel, Representation and Colonial Governance* (St Lucia: University of Queensland Press in association with API, 2001), p. 65。

43 Alan Cobham, *Skyways* (London: Nisbet, 1925), pp. 304–5.

44 引自Colin Cruddas, *Those Fabulous Flying Years: Joy-Riding and Flying Circuses*

between the Wars (Tunbridge Wells: Air–Britain, 2003), p. 32。

45　Peter Fritzsche, *A Nation of Fliers: German Aviation and the Popular Imagination* (Cambridge, MA: Harvard University Press, 1992), p. 199.

46　引自Robert Wohl, *The Spectacle of Flight: Aviation and the Western Imagination, 1920–1950* (New Haven: Yale University Press, 2005), p. 67。

47　Bob Learmonth, Joanna Nash and Douglas Cluett, *Croydon Airport: The Great Days 1928–1939* (Sutton, Surrey: London Borough of Sutton Libraries and Arts Services, 1980), p. 43.

48　David Davies, 'An International Police Force', 引自Waqar H. Zaidi, "Aviation Will Either Destroy or Save Our Civilization": Proposals for the International Control of Aviation, 1920–45', *Journal of Contemporary History* 46:1 (January 2011), pp. 150–78, p. 165。

49　*The Skybird* 1:1 (1933), p. 18.

50　*The Skybird* 1:4 (1934), p. 33; 1:2 (1934), p. 39.

51　引自Robert Wohl, *The Spectacle of Flight: Aviation and the Western Imagination, 1920–1950* (New Haven: Yale University Press, 2005), p. 214。

52　引自Daniel Swift, *Bomber County* (London: Hamish Hamilton, 2010), p. 141。

53　引自Swift, *Bomber County*, p. 142。

54　R. J. Overy, *The Air War 1939–1945* (1980; London: Papermac, 1987), p. 126.

55　'Fly me to the Moon (In other words)', 词曲由Bart Howard (New York: Almanac, 1954)创作。

56　Igor Cassini in the *New York Times Magazine*, 28 October 1962, p. 32 (Oxford English Dictionary).

57　David Edgerton, *England and the Aeroplane: Militarism, Modernity and Machines* (1991; London: Penguin, 2013), pp. 156, 146, 143.

58　Arthur Ward, *Airfix: Celebrating 50 Years of the World's Greatest Plastic Kits* (London: HarperCollins, 1999), p. 6.

59　引自James Hamilton–Paterson, *Empire of the Clouds: When Britain's Aircraft Ruled the World* (London: Faber & Faber, 2010), p. 268。

60　William Langewiesche, *Aloft* (London: Penguin, 2010), p. 1.

61　同上。

Peter Adey, *Aerial Life: Spaces, Mobilities, Affects*. Oxford: Wiley-Blackwell, 2010.

Aeronautical Classics No. 1 (collection of nineteenth-century writings on flight including Cayley, Stringfellow and Pilcher). London: Royal Aeronautical Society, 1910.

Scott Anthony, 'The Future's in the Air: Imperial Airways and the British Documentary Film Movement'. *Journal of British Cinema and Television* 8:3 (2011), pp. 301–21.

Scott Anthony and Oliver Green, British Aviation Posters: *Art, Design and Flight*. Farnham: Lund Humphries in association with British Airways, 2012.

Tom Crouch, *Wings: A History of Aviation from Kites to the Space Age*. New York: Smithsonian National Air and Space Museum in association with W. W. Norton, 2003.

Colin Cruddas, *Those Fabulous Flying Years: Joy-Riding and Flying Circuses between the Wars*. Tunbridge Wells: Air-Britain, 2003.

Charles Dollfus and Henri Bouché, *Histoire de L'Aéronautique*. Paris: L'Illustration, 1932.

David Edgerton, *England and the Aeroplane: Militarism, Modernity and Machines*. (Revised edition) London: Penguin, 2013 (first published 1991).

Jeffrey A. Engel, *Cold War at 30,000 Feet: The Anglo-American Fight for Aviation Supremacy*. London: Harvard University Press, 2007.

Peter Fritzsche, *A Nation of Fliers: German Aviation and the Popular Imagination*. London: Harvard University Press, 1992.

Charles H. Gibbs-Smith, *Aviation: an historical survey from its origins to the end of the Second World War*. London: Science Museum, 2003 (first published 1985).

Alfred Gollin, *No longer an island: Britain and the Wright Brothers: 1902–1909*. London: Heinemann, 1984.

Peter Haining, *The Dream Machines*. London: The New English Library, 1971.

Peter Haining, *The Compleat Birdman*. London: Robert Hale, 1976.

Richard Hallion, *Taking Flight: Inventing the Aerial Age, from Antiquity through the First World War*. New York: Oxford University Press, 2003.

Eric Hodgins and F. Alexander Magoun, *Sky High: The Story of Aviation*. Boston: Little, Brown 1929.

John E. Hodgson, *The History of Aeronautics in Great Britain, from the earliest time to the latter half of the nineteenth century*. London: Humphrey Milford, 1924.

Richard Holmes, *The Age of Wonder: how the Romantic generation discovered the beauty and terror of science*. London: HarperPress, 2008.

Richard Holmes, *Falling Upwards: How We Took to the Air*. London: William Collins, 2013.

Andrew Horrall, *Popular Culture in London, c. 1890–1918: The Transformation of Entertainment*. Manchester: Manchester University Press, 2001.

William Lockwood Marsh, *Aeronautical Prints and Drawings*. London: Halton and

Truscott Smith Ltd, 1924.

Liz Millward, *Women in British Imperial Airspace, 1922–1937*. Montreal and London: McGill-Queen's University Press, 2008.

Marjorie Hope Nicolson, *Voyages to the Moon*. New York: Macmillan, 1960.

Richard J. Overy, *The Air War 1939–1945*. London: Papermac, 1987 (first published 1980).

David Pascoe, *Airspaces*. London: Reaktion, 2001.

Gordon Pirie, 'Cinema and British Aviation, 1919–1939', *Historical Journal of Film, Radio and Television*, 23:2 (2003) pp. 117–31.

Gordon Pirie, *Air Empire: British imperial civil aviation, 1919–39*. Manchester: Manchester University Press, 2009.

L. T. C. Rolt, *The Balloonists: the history of the first aeronauts*. Stroud: Sutton, 2006 (first published 1966).

Bayla Singer, *Like Sex with Gods: an unorthodox history of flying*. College Station, Texas: Texas A&M University Press, 2003.

Adrian Smith, 'The Dawn of the Jet Age in Austerity Britain: David Lean's *The Sound Barrier* (1952)', *Historical Journal of Film, Radio and Television* 30:4 (2010), pp. 487–514.

Arthur Ward, *Airfix: celebrating 50 years of the world's greatest plastic kits*. London: HarperCollins, 1999.

Robert Wohl, *A Passion for Wings: Aviation and the Western Imagination, 1908–1918*. New Haven and London: Yale University Press, 1994.

Robert Wohl, *The Spectacle of Flight: Aviation and the Western Imagination, 1920–1950*. New Haven and London: Yale University Press, 2005.

David W. Wragg, *Flight before Flying*. Reading, UK: Osprey, 1974.

Sharon Wright, *Balloonomania Belles: Daredevil Divas Who First Took to the Sky*. Barnsley: Pen and Sword, 2018.

其他信源

Bella C. Landauer Collection of Aeronautical Sheet Music, Smithsonian Libraries: www.sil.si.edu/ondisplay/Music/
British Pathé online archive: www.britishpathe.com
Flight Gallery, Science Museum, London.

图片来源

All images © The British Library Board except:
John Frost Newspapers/Alamy Stock Photo 128; Dreamstime 17; Lily Ford, 104–105; Getty Images 10; Bettman/Getty Images 192–193; SSPL/Getty Images 90, 132; Library of Congress, Washington, D.C. 2, 29, 42, 45, 46, 48–49, 50, 54, 63, 64, 71

above, 72 left, 86, 91, 97, 116, 131 above, 145; NASA 209; Rijksmuseum, Amsterdam 39, 73 above; Olga Shirnina/KMediadrumworld 182; Belle C. Landauer Collection of Aeronautical Sheet Music, Smithsonian Institution Libraries 110; From the collection of Christopher B. Steiner 102, 103.